# 南水北调运行管理标准化初探

水利部南水北调工程管理司　编著

黄河水利出版社

·郑　州·

## 内 容 提 要

本书对南水北调工程概况和运行管理标准化的背景进行介绍,全面系统地梳理分析了自 2014 年南水北调工程从建设期转为运行管理期以来,运行管理标准化的发展情况,首次将其发展历程划分为探索发展时期(2014~2016 年)、快速发展时期(2017~2018 年)和全面发展时期(2019 年至今)三个阶段,并进行详细介绍,同时通过分析运行管理标准化典型案例,总结南水北调运行管理标准化经验。

本书可作为从事南水北调工程相关工作人员的参考用书,也可为其他水利工程从业人员提供参考。

## 图书在版编目(CIP)数据

南水北调运行管理标准化初探/水利部南水北调工程管理司编著. —郑州:黄河水利出版社,2022.6
ISBN 978-7-5509-3306-4

Ⅰ.①南… Ⅱ.①水… Ⅲ.①南水北调-水利工程-标准化管理-研究-中国 Ⅳ.①TV68

中国版本图书馆 CIP 数据核字(2022)第 094955 号

---

出 版 社:黄河水利出版社　　　　　　网址:www.yrcp.com
　　　　地址:河南省郑州市顺河路黄委会综合楼 14 层 邮政编码:450003
发行单位:黄河水利出版社
　　　　发行部电话:0371-66026940、66020550、66028024、66022620(传真)
　　　　E-mail:hhslcbs@ 126. com
承印单位:河南匠之心印刷有限公司
开本:787 mm×1 092 mm 　1/16
印张:9.25
字数:162 千字
版次:2022 年 6 月第 1 版　　　　　　印次:2022 年 6 月第 1 次印刷

---

定价:49.00 元

# 《南水北调运行管理标准化初探》
## 撰稿人名单

杨乐乐　顾晓伟　李　青　孙永平　李震东　董玉增
郑　寓　孙　畅　陆　帆　薛腾飞　许　国　孙庆宇
闫　飞　滕海波　程　萌　丁言梅　王　峰　卢明龙
刘　杰　许立祥　赵永生　王树磊　侯　煜　李　桃
于　茜　刘　梅　刘　婧　邵文伟　丁会荣　李越川
范士盼　聂　思　霍保雷

# 前　言

　　南水北调工程方案构想始于 1952 年,经过多轮分析论证,2002 年国务院正式批复开工,工程分东、中、西三条线路,2013 年东线一期工程建成,中线干线工程于 2014 年底正式投入运行。自建成通水后,南水北调工程由建设期逐渐转为运行管理期,为保障工程安全运行、提高工程管理水平、打造南水北调品牌形象,开展了一系列运行管理标准化建设,取得了一系列的成果,同时为保障供水安全、改善生态环境、促进我国社会经济发展提供了有力支撑。

　　为持续提升南水北调运行管理标准化建设水平,也为宏观管理和决策提供支撑,结合南水北调运行管理标准化工作,以标准化发展的相关成果为基础,开展本书编制工作,对多年来南水北调运行管理标准化经验成果进行汇总整理,为后期标准化管理发展提供借鉴。

　　本书主要内容包括八章。全书介绍了南水北调工程概况,围绕南水北调运行管理标准化的建设情况,从运行管理标准化建设背景,对南水北调运行管理标准化探索发展时期、快速发展时期和全面发展时期进行了详细介绍。通过对运行管理标准化创建单位案例及运行管理标准化创建工程案例分析,总结了南水北调工程标准化经验,指出了运行管理标准化中存在的问题,并提出了思考建议。

　　本书由水利部南水北调工程管理司组织实施,水利部南水北调规划设计管理局、水利部建设管理与质量安全中心、中国南水北调集团有限公司、南水北调东线山东干线有限责任公司、南水北调东线江苏水源有限责任公司、水利部产品质量标准研究所、中国电建集团华东勘测设计研究院有限公司等单位的相关专家参与编制,是过去多年来实际工作的经验总结与凝练,谨向他们表示深深的谢意。

　　与国内外同类专著相比,本书更注重工程实际运行管理条件下的标准化建设。鉴于编者的水平,疏漏与不当之处在所难免,恳请专家学者和读者给予批评指正!

作　者
2022 年 3 月

# 目 录

# 第一章 南水北调工程概况

从 1952 年 10 月国家第一次提出南水北调的宏伟设想,至 2002 年 12 月 23 日国务院正式批复《南水北调工程总体规划》(国函〔2002〕117 号),决定开工兴建南水北调工程,这中间走过了 50 个年头。其中南水北调东线一期工程于 2002 年 12 月 27 日开工建设,2013 年 11 月 15 日全线实现正式通水;南水北调中线一期工程于 2003 年 12 月 30 日开工建设,于 2014 年 12 月 12 日正式通水。

截至 2020 年,东线一期工程顺利完成 7 个年度调水工作,累计为山东省调水 30 多亿 $m^3$,中线工程顺利完成 6 个年度调水工作,累计为北京、天津、河南、河北等受水区调水约 300 亿 $m^3$。南水北调工程直接受益人口超过 1.2 亿,在城市供水保障、生态环境保护、防洪抗旱减灾等方面发挥了重要作用,其中中线工程已成为京津冀豫 4 省(市)受水区的主力水源,从根本上改变了受水区的供水格局,为京津冀协同发展、雄安新区建设等重大战略实施,以及改善华北地区生态提供了可靠支撑。

## 第一节 东线工程基本情况

南水北调东线一期工程总长 1 467 km,包括 13 个梯级泵站、22 处枢纽、34 座泵站(其中新增泵站 21 座),主要补充沿线地区的城市生活用水、工业用水和环境用水,兼顾农业用水、航运和其他用水。

从江苏省扬州附近的长江干流三江营引水,利用京杭大运河及其平行的河道输水。黄河以南设 13 个梯级泵站,连通洪泽湖、骆马湖、南四湖、东平湖,经泵站逐级提水至东平湖。出东平湖后分两路:一路向北经穿黄隧洞过黄河,经小运河接七一河、六五河输水至大屯水库,同时具备向河北和天津应急供水条件;另一路向东通过济平干渠、胶东干线济南市区段、济东明渠段工程输水至引黄上节制闸,再利用引黄济青工程、胶东地区引黄调水工程输水至威海米山水库。南水北调东线一期工程是中国跨区域调配水资源、缓解北方水资源严重短缺问题的战略性基础设施,是节约水资源、保护生态环境、促进经济发展方式转变的重大示范工程。

在管理机构上,为充分发挥东线工程综合效益,保证工程安全运行,做好新增国有资产保值增值,经国务院批准,2014年9月30日成立南水北调东线总公司(简称东线总公司),统一管理东线一期新增主体工程。东线总公司根据管理和发展的需要,按照精简、统一、效能和权责一致的原则,建立了精干高效、职责明确的内部职能部门和直属分公司,分别成立苏鲁两省子公司。当前,东线一期新增主体工程尚处于"分管"状态,管理标准、管理水平差别较大,与现代化企业管理要求存在着较大差距,"统管"模式未落地、管理体系不健全等一系列管理问题还需妥善解决,管理措施还需逐步建立,规范化管理建设空间较大。

目前,东线江苏段和山东段分别由南水北调东线江苏水源有限责任公司(简称江苏水源公司)和南水北调东线山东干线有限责任公司(简称山东干线公司)管理。

# 第二节　中线工程基本情况

南水北调中线干线工程全长约1 432 km,全线共设有各类建筑物2 300多座,整个工程复杂多样,具有战线长、立体交叉、包含建筑物多、设施复杂等特点。表1-1、表1-2分别为中线工程建筑物数量和中线工程设施情况。

管理机构上,南水北调中线干线工程建设管理局(简称中线建管局)统管,下设5个分局44个管理处和3个直属公司,中线管理机构见表1-3。

表1-1　中线工程建筑物数量

| 序号 | 建筑物 | 数量 | 序号 | 建筑物 | 数量 |
|------|--------|------|------|--------|------|
| 1 | 线路长 | 1 432 km | 5 | 倒虹吸 | 102 座 |
| 2 | 左排建筑物 | 459 座 | 6 | 箱涵 | 155 km |
| 3 | 跨渠桥梁、铁路交叉 | 1 288 座 | 7 | 隧洞 | 16.8 km |
| 4 | 渡槽 | 27 座 | 8 | PCCP 管道(预应力钢筒混凝土管道) | 56.4 km |

表 1-2　中线工程设施情况

| 序号 | 设施 | 二级划分 | 数量 |
|------|------|----------|------|
| 1 | 闸站 | 节制闸 | 64 座 |
| 2 | | 控制闸 | 61 座 |
| 3 | | 退水闸 | 54 座 |
| 4 | | 分水闸 | 97 座 |
| 5 | | 排冰闸 | 14 座 |
| 6 | | 检修闸 | 47 座 |
| 7 | 水质监测 | 自动监测站 | 13 个 |
| 8 | | 实验室 | 4 个 |
| 9 | 安全监测 | 安全监测站(安全监测点) | 970 座(87 497 个) |
| 10 | 信息机电 | 光缆 | 3 000 km |
| 11 | | 视频摄像头 | 6 500 个 |
| 12 | | 电子围栏 | 1 700 km |
| 13 | | 35 kV 中心开关站 | 13 座 |

表 1-3　中线管理机构

| 序号 | 分局 | 下级机构 |
|------|------|----------|
| 1 | 渠首分局 | 陶岔管理处 |
| 2 | | 邓州管理处 |
| 3 | | 镇平管理处 |
| 4 | | 南阳管理处 |
| 5 | | 方城管理处 |
| 6 | 河南分局 | 叶县管理处 |
| 7 | | 鲁山管理处 |
| 8 | | 宝丰管理处 |
| 9 | | 郏县管理处 |
| 10 | | 禹州管理处 |

续表 1-3

| 序号 | 分局 | 下级机构 |
|------|------|----------|
| 11 | 河南分局 | 长葛管理处 |
| 12 | | 新郑管理处 |
| 13 | | 航空港区管理处 |
| 14 | | 郑州管理处 |
| 15 | | 荥阳管理处 |
| 16 | | 穿黄管理处 |
| 17 | | 温博管理处 |
| 18 | | 焦作管理处 |
| 19 | | 辉县管理处 |
| 20 | | 卫辉管理处 |
| 21 | | 鹤壁管理处 |
| 22 | | 汤阴管理处 |
| 23 | | 安阳管理处(穿漳管理处) |
| 24 | 河北分局 | 磁县管理处 |
| 25 | | 邯郸管理处 |
| 26 | | 永年管理处 |
| 27 | | 沙河管理处 |
| 28 | | 邢台管理处 |
| 29 | | 临城管理处 |
| 30 | | 高邑元氏管理处 |
| 31 | | 石家庄管理处 |
| 32 | | 新乐管理处 |
| 33 | | 定州管理处 |
| 34 | | 唐县管理处 |
| 35 | | 顺平管理处 |
| 36 | | 保定管理处 |

续表 1-3

| 序号 | 分局 | 下级机构 |
|------|------|----------|
| 37 | 天津分局 | 西黑山管理处 |
| 38 | | 徐水管理处 |
| 39 | | 容雄管理处 |
| 40 | | 霸州管理处 |
| 41 | | 天津管理处 |
| 42 | 北京分局 | 易县管理处 |
| 43 | | 涞涿管理处 |
| 44 | | 惠南庄管理处 |
| 45 | 直属公司 | 南水北调中线工程保安服务有限公司 |
| 46 | | 南水北调中线实业发展有限公司 |
| 47 | | 南水北调中线信息科技有限公司 |

# 第三节　南水北调工程运行管理标准化发展阶段

南水北调工程运行管理标准化发展主要包括三个时期:探索发展时期、快速发展时期和全面发展时期。

## 一、探索发展时期(2014~2016年)

2014年,南水北调工作基本由建设期转入运行管理期,随之开启了运行管理标准化探索发展之路,国务院南水北调工程建设委员会办公室(简称南水北调办)开展大量调研和学习借鉴,编制了运行安全管理五大体系和四项清单。2016年,南水北调办发文开展运行安全管理标准化建设,实施五大体系和四项清单标准化创建工作,并选取了9个工程管理处开展试点工作。

## 二、快速发展时期(2017~2018年)

经过标准化建设探索,南水北调工程运行安全管理标准化发展逐渐成熟,2017年开始,将五大体系和四项清单发展为八大体系和四项清单,试点由9个增加至30个,标准化建设从安全角度扩大到整个工程运行管理,标准化覆盖面更加广泛。同时,中线建管局和东线总公司结合自身标准化发展需要,积极开展标准化顶层设计等工作,如中线建管局制定了《南水北调中线干线工程建设管理局运行管理规范化建设总体规划(2018~2020 年)》,东线总公司制定了《南水北调东线工程运行管理规范化总体规划》。2017~2018 年,南水北调运行管理标准化快速发展。

### 三、全面发展时期(2019 年至今)

随着 2018 年度水利部机构改革调整,水利部对南水北调运行管理提出更高的要求。2019 年初,在全国水利工作会议上,鄂竟平部长提出在南水北调建设运行上提档升级,要求"持续提升工程运行管理水平,推进工程运行管理规范化标准化建设,完善工程运行管理制度标准体系,打造南水北调工程品牌"。围绕"水利工程补短板,水利行业强监管"的水利发展总基调,南水北调工程运行管理标准化从行业标准建设、团体标准编制、标准化创建提升等三个方面全面开展建设,南水北调工程运行管理标准化进入了全面发展新阶段,开启了全面建设的新征程。

# 第二章　南水北调运行管理标准化建设背景

秦始皇一曲"车同轨、文同书,统一度量衡",唱响华夏大地的标准化。在《孟子·离娄上》中,孟子曰:"离娄之明,公输子之巧,不以规矩,不能成方圆;师旷之聪,不以六律,不能正五音;尧、舜之道,不以仁政,不能平治天下。"孟子从生活、工作和政治等方面说明了标准化的必要性和重要性。欧洲中世纪英国国王约翰签署大宪章,规定了生活物品的计量标准为夸脱和厄尔,从而规范了市场交换的标准。纵观人类发展史,以计量为主要标志的标准化,逐渐从朦胧意识推进到生活实际应用,从时代发展成为当今人类文明进步的管理标准,都彰显了标准化对规范社会发展秩序的重要作用。

通过几十年的探索发展,煤炭行业逐步发展形成一套质量安全标准管理体系和管理方法,取得了一定的安全质量保障和巨大的经济社会效益。2010年国务院安全生产委员会(简称国务院安委会)以煤炭行业质量安全标准化为抓手,以《国务院安委会关于深入开展企业安全生产标准化建设的指导意见》(安委〔2011〕4号)等文件为纲领,在全国范围内引导各个行业、企业开展安全生产标准化工作。

2014年8月,为适应安全生产工作的新形势和新要求,第十二届全国人民代表大会常务委员会第十次会议通过了关于修改《中华人民共和国安全生产法》的决定,其中第四条明确规定:"生产经营单位必须遵守本法和其他有关安全生产的法律、法规,加强安全生产管理,建立健全安全生产责任制和安全生产规章制度,改善安全生产条件,推进安全生产标准化建设,提高安全生产水平,确保安全生产"。

水利部于2013年开始,先后发布《水利部关于印发〈水利安全生产标准化评审管理暂行办法〉的通知》(水安监〔2013〕189号)等文件,要求水利生产经营单位落实安全生产主体责任,强化安全基础管理,规范安全生产行为,促进运行安全生产和工程建设标准化。2016年初,基于国家法规要求,按照"稳中求好,创新发展"的总体工作思路,结合南水北调工程运行管理初期特点和运行管理需求,落实安全管理主体责任,规范安全管理行为,加强运行安全管理,正式开展南水北调工程的运行安全管理标准化建设。

# 第一节　标准化建设的必要性

习近平总书记在担任浙江省委书记时,就曾精辟地指出:加强标准化工作,实施标准化战略,是一项重要紧迫的任务,对经济社会发展具有长远的意义。要加强领导,提高认识,积极推进,取得实效。习近平总书记到中央工作后,在各个场所大量提及标准化,形成了一整套具有全局性、系统性、前瞻性和挑战性的完整标准化思想,对各级领导认识问题、解决问题、深化改革、促进发展具有长远的指导意义。标准决定质量,有什么样的标准、就会有什么样的质量,只有高标准才有高质量。

2015 年国家标准化改革,国务院印发《深化标准化工作改革方案》(国发〔2015〕13 号)对标准化进行了明确定位:强化标准的实施与监督,更好地发挥标准化在推进国家治理体系和治理能力现代化中的基础性、战略性作用,促进经济持续健康发展和社会全面进步。国务院办公厅发布的《国家标准化体系建设发展规划(2016~2020 年)》开宗明义提出:标准是经济活动和社会发展的技术支撑,是国家治理体系和治理能力现代化的基础性制度。

南水北调工程自建设以来,领导高度重视标准化运行管理。2018 年在南水北调工程运行管理工作会议上,蒋旭光副部长明确强调,南水北调工程要围绕"水利工程补短板,水利行业强监管"的总基调,进一步完善南水北调工程运行管理工作体系,着力打造南水北调工程运行品牌、管理品牌,持续规范运行管理、夯实安全基础,在确保工程运行安全的基础上,充分发挥工程效益,并要求南水北调工程要做到坚持问题导向扎扎实实"补短板",坚守安全底线持之以恒"强监管"。在补短板方面,重点加强深入推进工程运行管理标准化和规范化建设,全面提升工程运行管理水平,形成重大调水工程规范运行的标准体系,打造调水工程运行管理样板。

2020 年全国水利工作会议上,鄂竟平部长在讲话中强调:"大力推进南水北调工程运行管理标准化、规范化建设。"新时期,南水北调工程标准化建设日益重要。

为确保南水北调工程安全、供水安全和沿线人民群众生命安全,适应运行安全日常管理需求,转变安全管理观念,明确安全主体责任,通过顶层设计,建立健全运行安全管理组织体系、责任体系和制度体系,建立安全生产责任制,制定安全管理制度和操作规程,排查治理隐患和监控重大危险源,建立预防机制,规范管理行为,并持续改进,不断加强运行安全规范化建设,提高管理水平,系统消除运行安全管理中的事故隐患,有效控制运行安全风险,达到本质安全水平,开展运行管理标准化建设是非常必要的。

# 第二节　标准化相关概念

标准化、标准、规范化管理、标准化管理、精细化管理等都是标准化相关概念,容易造成理解误差,且在实际运用中经常容易被错用,本节对相关概念进行详细介绍划分。

## 一、标准化

根据国家标准《标准化工作指南 第 1 部分:标准化和相关活动的通用术语》(GB/T 20000.1—2014)规定,标准化是为了在既定范围内获得最佳秩序,促进共同效益,对现实问题或潜在问题确立共同使用和重复使用的条款以及编制、发布和应用文件的活动(注 1:标准化活动确立的条款,可形成标准化文件,包括标准和其他标准化文件;注 2:标准化的主要效益在于为了产品、过程或服务的预期目的改进它们的适用性,促进贸易、交流以及技术合作)。

标准化是制度化的最高形式,可运用到生产、开发设计、管理等方面,是一种非常有效的工作方法。作为一个企业能不能在市场竞争当中取胜,决定着企业的生死存亡。企业的标准化工作能不能在市场竞争当中发挥作用,这决定标准化在企业中的地位和存在价值。

## 二、标准

标准是通过标准化活动,按照规定的程序经协商一致制定,为各种活动或其结果提供规则、指南或特性,供共同使用和重复使用的文件(注 1:标准宜以科学、技术和经验的综合成果为基础;注 2:规定的程序指制定标准的机构颁布的标准制定程序;注 3:诸如国际标准、区域标准、国家标准等,由于它们可以公开获得以及必要时通过修正或修订保持与最新技术水平同步,因此它们被视为构成了公认的技术规则,其他层次上通过的标准,诸如专业协(学)会标准、企业标准等,在地域上可影响几个国家)。

通俗地说,"标准"是指依据科学技术和实践经验的综合成果,在协商的基础上,对经济、技术和管理等活动中,具有多样性的、相关性征的重复事物,以特定的程序和形式颁发的统一规定。

### 三、规范化管理

规范化管理就是从企业生产经营系统的整体出发,对各环节输入的各项生产要素、转换过程、产出等制定制度、规程、指标等标准(规范),并严格地实施这些规范,以使企业协调统一地运转。

实行规范化管理在理论和实践中都证明是极为重要的。首先,这是现代化大生产的客观要求。现代企业是具有高度分工与协作的社会化大生产,只有进行规范化管理,才能把成百上千人的意志统一起来,形成合力为实现企业的目标而努力工作。其次,实行规范化管理是由人治转为法治的必然选择。每个员工都有干好本职工作的愿望,但在没有"干好"的标准的情况下,往往凭领导者的主观印象进行考核和奖惩,难免出现在管理中时紧时松、时宽时严的现象,并极容易挫伤员工的积极性。按照统一的规范进行严格管理,人和人之间可以公正比较、平等竞争。最后,实行规范化管理是提高员工总体素质的客观要求。规范使员工明确企业对自己的要求,有了努力的标准,必然能逐步提高自己的素质;员工还可以对照规范进行自我管理。因为规范是在系统原则下设计出来的,管理人员依据规范进行管理,也能提高立足本职、纵观全局的管理水平。

规范化管理除强调要贯彻体现一套完整的价值观念体系,使所制定的目标和行为标准不再是孤立的、支零破碎的制度规范外,重点强调的是对管理行为和标准进行统一必须建立在科学的人性理论基础上,要求在一个完整的体系上,来实施被管理者具有一定价值选择自由的管理。它不是简单地对企业组织运行的活动和过程制定具体的行为标准。

### 四、标准化管理

标准化管理是指为在企业的生产经营、管理范围内获得最佳秩序,对实际或潜在的问题制定规则的活动。标准化管理是一项复杂的系统工程,更多地是强调把为达成组织目标的行为过程以具体的标准加以界定,并用所界定的行为过程标准来约束管理者和被管理者双方的行为。

企业标准化管理是建立在内部标准和外部标准基础上的。

内部标准主要包括企业技术标准、管理标准和工作标准等。技术标准是对技术活动中,需要统一协调的事物制定的技术准则;是根据不同时期的科学技术水平和实践经验,针对具有普遍性和重复出现的技术问题,提出的最佳解决方案。管理标准是企业为了保证与提高产品质量,实现总的质量目标而规定的各方面经营管理活动、管理业务的具体标准。工作标准是指对工作的责任、权利、范围、质量要求、程序、效果、检查方法、考核办法所制定的标准,一般包括部门工作标准和岗位(个人)工作标准。

外部标准主要包括国家标准、行业标准、地方标准和团体标准等,企业将标准化管理作为推动企业发展的重要手段,必须遵从国家标准化法律法规和战略规划,必须符合市场竞争的要求。

## 五、精细化管理

"精细化管理是一种理念,一种文化。它源于发达国家的一种企业管理理念,是社会分工的精细化及服务质量的精细化对现代管理的必然要求,是建立在常规管理的基础上且将常规管理引向深入的基本思想和管理模式,是一种以最大限度地减少管理所占用的资源和降低管理成本为主要目标的管理方式。现代管理学认为,科学化管理有 3 个层次:第一个层次是规范化,第二个层次是精细化,第三个层次是个性化。

精细化管理就是落实管理责任,将管理责任具体化、明确化,它要求每一个管理者都要到位、尽职。第一次就把工作做到位,工作要日清日结,每天都要对当天的情况进行检查,发现问题及时纠正、及时处理等。

精细化管理是整个企业运行的核心工程。企业要做强,需要有效运用文化精华、技术精华、智慧精华等来指导、促进企业的发展。只有深谙和运用管理精髓的企业家或企业管理者才能在企业成功发展中充分运用。它的精髓就在于:企业需要把握好产品质量精品的特性、处理好质量精品与零缺陷之间的关系,建立确保质量精品形成的体系,为企业形成核心竞争力和创建品牌奠定基础。它的精密也在于:企业内部凡有分工协作和前后工序关系的部门与环节,其配合与协作需要精密;与企业生存、发展环境的适宜性需要精密;与企业相关联的机构、客户、消费者的关系需要精密。

精细化管理的本质意义在于它是一种对战略和目标分解细化和落实的过程,是让企业的战略规划能有效地贯彻到每个环节并发挥作用的过程,同时也是提升企业整体执行能力的一个重要途径。一个企业在确立了建设"精细管理工程"这一带有方向性的思路后,重要的就是结合企业的现状,按照"精细"的思路,找准关键问题、薄弱环节,分阶段进行,每阶段性完成一个体系,便实施运转、完善一个体系,并牵动修改相关体系,只有这样才能最终整合全部体系,实现精细管理工程在企业发展中的功能、效果、作用。同时,也要清醒地认识到,在实施"精细管理工程"的过程中,最为重要的是要有规范性与创新性相结合的意识。"精细"的境界就是将管理的规范性与创新性最好地结合起来,从这个角度来讲,精细管理工程具有把企业引向成功的功能和可能性。

# 第三节　标准的分类

标准的分类统筹有 3 种方法:一是层级分类法,即国家标准、行业标准等;二是对象分类法,如基础标准、产品标准、方法标准等;三是属性分类法,如技术标准、管理标准、工作标准等。

根据 2017 年发布的《中华人民共和国标准化法》,现行我国标准层级分类包括国家标准、行业标准、地方标准、团体标准、企业标准。标准层级的划分,仅因为适用范围的不同,与标准技术水平的高低无关,根据 2017 年修订的《中华人民共和国标准化法》,推荐性国家标准、行业标准、地方标准、团体标准、企业标准的技术要求不得低于强制性国家标准的相关技术要求。

## 一、国家标准

适用范围最为广泛的是国家标准。根据 GB/T 20000.1—2014,国家标准定义为"由国家标准机构通过并公开发布的标准",即由国务院标准化行政主管部门组织制定,并对全国国民经济和技术发展有重大意义,需要在全国范围内统一的标准。

国务院有关行政主管部门负责国家标准的制定。国家标准按照实施力度的约束性分为强制性标准和推荐性标准。对保障人身健康和生命财产安全、国家安全、生态环境安全以及满足经济社会管理基本需要的技术要求,应当制定强制性国家标准;其余为推荐性标准。

## 二、行业标准

根据 GB/T 20000.1—2014,行业标准是指"由行业机构通过并公开发布的标准",其适用范围仅为行业范围内。对水利行业而言,水利行业标准是对国家标准没有规定或规定不足而又需要在水利行业内统一的技术要求所制定的标准。

水利行业标准由水利行业标准归口部门(水利部国际合作与科技司)审批、编号和发布。水利部国际合作与科技司将已发布的行业标准送国务院标准化行政主管部门备案。

### 三、地方标准

地方标准是指"在国家的某个地区通过并公开发布的标准"。地方标准满足地方自然条件、风俗习惯等特殊技术要求,具有民族特色和特殊的地域特点。

地方标准由省、自治区、直辖市人民政府标准化行政主管部门制定。设区的市级人民政府标准化行政主管部门根据本行政区域的特殊需要,经所在地省、自治区、直辖市人民政府标准化行政主管部门批准,可以制定本行政区域的地方标准。

地方标准由省、自治区、直辖市人民政府标准化行政主管部门报国务院标准化行政主管部门备案,由国务院标准化行政主管部门通报国务院有关行政主管部门。

### 四、团体标准

团体标准是指由团体按照自行规定的标准制定程序制定并发布,供团体成员或社会自愿采用的标准。

根据2017年修订的《中华人民共和国标准化法》,国家鼓励学会、协会、商会、联合会、产业技术联盟等社会团体协调相关市场主体共同制定满足市场和创新需要的团体标准,由本团体成员约定采用或者按照本团体的规定供社会自愿采用。制定团体标准,应当遵循开放、透明、公平的原则,保证各参与主体获取相关信息,反映各参与主体的共同需求,并应当组织对标准相关事项进行调查分析、试验、论证。

国务院2015年3月11日印发了《深化标准化工作改革方案》,其中明确提出培育发展团体标准:在标准制定主体上,鼓励具备相应能力的学会、协会、商会、联合会等社会组织和产业技术联盟协调相关市场主体共同制定满足市场和创新需要的标准,供市场自愿选用,增加标准的有效供给。在标准管理上,对团体标准不设行政许可,由社会组织和产业技术联盟自主制定发布,通过市场竞争优胜劣汰。国务院标准化主管部门会同国务院有关部门制定团体标准发展指导意见和标准化良好行为规范,对团体标准进行必要的规范、引导和监督。在工作推进上,选择市场化程度高、技术创新活跃、产品类标准较多的领域,先行开展团体标准试点工作。支持专利融入团体标准,推动技术进步。自此,我国的团体标准发展步入正轨,市场主体将真正成为标准制定的主要参与方,政府的规范、引导和监督也必定会对团体标准的发展起到至关重要的作用。

### 五、企业标准

企业标准是针对企业范围内需要协调、统一的技术要求、管理要求和工作要求所制定的标准。企业标准是企业组织生产、经营活动的依据。企业标准虽然只在某企业适用,但在地域上可能会影响多个国家。

企业标准由企业制定,由企业法人代表或法人代表授权的主管领导批准、发布,由企业法人代表授权的部门统一管理。企业标准大多是不公开的。然而,作为组织生产和第一方合格评定依据的企业产品标准发布后,企业应将企业标准报当地标准化行政主管部门和有关行政主管部门备案。

企业标准是规范企业内部生产经营活动的各种要求的规范性文件。企业标准中大部分是"过程"标准,主要是对各类人员,如开发设计人员、工艺技术人员、测试检验人员、销售供应人员、经营管理人员等如何开展工作做出规定;少部分是"结果"标准,主要是针对"物",如采购的原材料、半成品、最终产品等的技术要求做出规定。

# 第四节　水利技术标准体系

中华人民共和国成立以来,水利事业蓬勃发展,水利标准化发展迅速。随着水利标准化工作的不断加强,水利部逐步建立健全标准化组织机构、规章制度和管理体系,在水利技术标准体系、水利标准化改革、标准制修订、实施与监督、标准国际化等方面取得丰硕成果,充分发挥了标准化对水利改革发展的重要技术支撑作用。

标准体系是一定范围内的标准按其内在联系形成的有机整体。水利部标准体系建设始于 1988 年,从中华人民共和国成立至今,水利部共发布了 1988 版、1994 版、2001 版、2008 版和 2014 版共 5 版《水利技术标准体系表》(简称《体系表》),纳入《体系表》中标准数量分别为 127 项、473 项、615 项、942 项、788 项,为水利中心工作提供了有力的技术支撑。

2014 版《体系表》框架结构由专业门类、功能序列构成,见图 2-1。

《体系表》专业门类和功能序列包括的范围及解释说明分别见表 2-1 和表 2-2。《体系表》中共纳入 788 项标准、73 项标准物质。根据水利改革发展对标准化工作提出的新需求,2015 年以来,补充纳入《体系表》18 项水利技术标准,目前水利技术标准体系共 806 项标准,覆盖了水利工作的所有领域,为

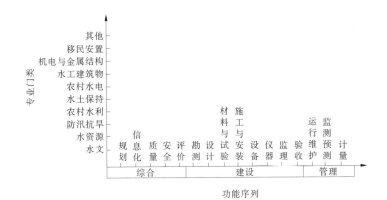

图 2-1　2014 版《体系表》框架结构

水利技术标准制定、中长期规划和年度计划修订提供依据。

表 2-1　专业门类包括范围及解释说明

| 序号 | 专业门类 | 包括范围及解释说明 |
|------|----------|-------------------|
| 1 | 水文 | 站网布设、水文监测、情报预报、资料整编、水文仪器设备等 |
| 2 | 水资源 | 水资源规划、水资源论证、非常规水源利用、地下水开发利用、入河排污口设置、水源地保护、水生态系统保护与修复等，水功能区划与管理、节水等 |
| 3 | 防汛抗旱 | 防洪、排涝、洪水调度、河道整治、水旱灾情评估、预案编制，以及山洪、凌汛、堰塞湖等灾害防治 |
| 4 | 农村水利 | 农村水利灌溉排水、村镇供排水等 |
| 5 | 水土保持 | 水土保持监测、水土流失治理、水土保持植物措施、水土保持区划、水土流失、重点防治区划分等 |
| 6 | 农村水电 | 农村电气化、小水电建设、农村电网等 |
| 7 | 水工建筑物 | 基础工程、水库大坝、堤防、水闸、泵站、其他水工建筑物等 |
| 8 | 机电与金属结构 | 水力机械、工程机械、金属结构、电气电网等 |
| 9 | 移民安置 | 移民规划、征地、移民安置等 |
| 10 | 其他 | 综合信息标准、政务、水利统计、水利风景区等其他专业类别的标准 |

表 2-2　功能序列包括范围及解释说明

| 序号 | 一级 | 二级 | 包括范围及解释说明 |
|---|---|---|---|
| 1 | 综合 | 通用 | 包含标准化、术语、制图等 |
| | | 规划 | 综合规划、专业规划、工程规划等 |
| | | 信息化 | 分类、编码、代码、信息采集、传输、交换、存储、处理、地理信息等 |
| | | 质量 | 质量检测、质量评定等 |
| | | 安全 | 劳动卫生与人员安全、安全检测、安全鉴定、安全要求等 |
| | | 评价 | 经济、社会、环境、生态影响评价等 |
| 2 | 建设 | 通用 | 涉及以下分类中 2 个及以上类别的标准,或不属于其中任何一类的标准 |
| | | 勘测 | 地形测绘、地质勘察等 |
| | | 设计 | 水工、施工组织、机电及金属结构、管理设计、科研软件设计等(此处不包括仪器设备的设计) |
| | | 材料与试验 | 混凝土、管材、土工合成材料、模(原)型试验方法、岩土试验、程序等 |
| | | 施工与安装 | 施工通用技术、土建工程施工、机电及设备安装等 |
| | | 设备 | 起重机、搅拌机、节水设备及产品、水泵等 |
| | | 仪器 | 监测、检测仪器及实验器具或装置等 |
| | | 监理 | 项目施工、设备制造监理等 |
| | | 验收 | 阶段验收、专项验收、竣工验收等 |
| 3 | 管理 | 通用 | 涉及以下分类中 2 个及以上类别的标准,或不属于其中任何一类的标准 |
| | | 运行维护 | 工程调度、运行操作、检修维护、降等、报废等 |
| | | 监测预测 | 观测、监测、调查、统计分析、预测、预报等 |
| | | 计量 | 计量方法,检定规程,计量仪器的检验、校验,校准方法标准等 |

为深入贯彻落实"节水优先、空间均衡、系统治理、两手发力"治水思路和"水利工程补短板、水利行业强监管"水利改革发展总基调,有效破解水旱灾害、水资源短缺、水生态损害和水环境污染等问题,按照《中华人民共和国标

准化法》和国务院《深化标准化工作改革方案》有关要求,以及 2019 年第 4 次部长办公会议对水利标准化工作的指示精神,2019 年水利部启动《体系表》修订工作,截至 2020 年 11 月,已完成送审稿。新版《体系表》由修订说明,水利技术标准体系结构框图,关于专业门类、功能序列的说明,体系结构统计表,标准体系项目表和附表构成。

列入《体系表》的主要是水利国家标准与行业标准,共有水利技术标准 495 项,列入附表的用水定额 105 项,南水北调专项标准 21 项,南水北调标准首次被纳入《体系表》中。

# 第三章  探索发展时期(2014～2016 年)

自南水北调东线、中线分别于 2013 年、2014 年建成通水后,工程进入运行管理期,南水北调工程安全管理体系的工作内容、对象、方式和管理要求都发生了本质变化:

一是,管理体系由工程建设安全管理体系向工程运行安全管理体系转变。

二是,工作内容、对象、方式、重点已由施工、监理、设计等单位的生产安全管理向工程管理单位自身的运行安全管理转变。

三是,管理责任由间接管理责任向直接管理责任转变。

四是,管理重点由工程建设安全向工程运行安全转变。

五是,管理要求由工程建设管理的法规向工程运行法规转变。

在工程转入运行管理阶段,在各单位角色和职能发生转变的情况下,工程管理单位的安全管理观念也需及时转变,必须切实强化安全管理主体责任意识,建立、健全安全管理责任制和各项规章制度,改善安全生产和管理条件,全面推进运行安全管理标准化建设,提高运行安全管理水平,确保工程运行安全。

## 第一节  运行安全管理标准化思路提出

面对南水北调工程由建设管理向运行管理转变的新形势、新情况、新要求,南水北调办认真思考安全管理如何实现从建设管理向运行管理转变。2015 年年中至 2016 年年初,通过走访调研东深引水、胶东调水等引调水工程安全管理工作开展情况,收集学习了国家安全生产监督管理总局、水利部、交通部、建设部等的安全生产标准化建设工作有关制度规范办法,调研了水利水电行业安全生产方面学术文章数百篇,研究了 ISO 9000 等国际标准,在充分考察调研和学习借鉴的基础上,在南水北调工程运行安全管理实际,提出了南水北调工程运行安全管理标准化建设工作思路。

2016 年 4 月 5 日,经过深入调研,结合南水北调工程运行管理新形势、新情况和新要求的基础上,南水北调办印发《关于开展南水北调工程运行安全管理标准化建设工作的通知》(总建管〔2016〕16 号),在东线、中线工程推动开展以三级管理机构为基础,以运行安全责任管理为核心,以五大安全管理体系和四项安全管理行为清单建设为重点,启动南水北调工程运行安全管理标准化建设工作,这也是首次提出五大体系和四项清单,标志着运行管理标准化探索进入了新的阶段。

《关于开展南水北调工程运行安全管理标准化建设工作的通知》(总建管〔2016〕16号)提出明确的建设目标和要求,目标是以工程运行安全管理标准化试点工作为抓手,探索工程运行安全管理体系、制度、标准和清单建设的科学合理性,全面开展和推动工程运行安全管理标准化建设;要求工程管理单位要按照"党政同责、一岗双责、失职追责"的要求认真落实运行安全管理主体责任,完善工程运行安全管理体系、规章制度及技术标准建设,落实运行安全管理办法,落实安全监测和安全防范等规程规范要求,落实各级安全责任,加强安全责任监督检查,规范安全管理行为。工程管理单位要按照安全主体责任要求以三级管理机构为基础、二级管理单位为重点建设工程运行安全管理体系,实行安全清单管理。开展以责任为核心的工程安全管理体系,实行安全清单管理。开展以责任为核心的工程安全管理标准化、规范化和信息化建设。通过大数据、云技术、互联网+运行安全管理信息化等手段,推动运行安全管理创新发展。

工程运行安全管理五大体系包括:保证工程运行安全和水量调度安全,强化工程重点部位和风险点安全的工程运行安全管理体系;保证工程安全度汛的防洪度汛安全管理体系;保证工程、设备设施、信息安全的工程安防管理体系;提高快速处置能力的应急管理体系;保证安全管理体系有效运行的责任监督检查体系。

工程运行安全管理四项清单建设包括:结合工作职责分级完成安全岗位责任清单建设,全面落实各级安全责任;完成设备设施运行缺陷清单建设,及时掌握设备设施运行状况,确保工程设备设施运行安全;完成工程运行和水量调度安全问题清单建设,确保工程安全平稳运行,足量供水;完成应急管理行为清单建设,落实各级应急管理单位和人员的应急处置要求和责任。

# 第二节 运行安全管理标准化总体情况

根据《关于开展南水北调工程运行安全管理标准化建设工作的通知》(总建管〔2016〕16号)规定,按照运行安全管理标准化建设工作方案和安全主体责任要求,工程运行安全管理规范化建设先从运行安全标准化建设试点开始。

东线、中线工程各管理单位按照国务院南水北调办的要求,确定在东线台儿庄泵站、洪泽泵站2个管理处,中线方城、禹州、辉县、永年、定州、天津、涞涿7个管理处(见图3-1)开展工程运行安全管理五大体系和四项清单建设,即工程运行安全管理体系、防洪度汛安全管理体系、工程安防管理体系、应急管理体系、安全责任监督检查体系等五大安全管理体系,以及试行安全岗位责任清单、设备设施运行缺陷清单、工程运行和水量调度安全问题清单、应急管理行为清单等四项安全行为管理清单。

# 第三节  东线工程运行管理标准化建设

东线工程为统一工程运行管理标准、规范工程管理行为、加强工程现场管理,2015年正式启动运行管理标准化工作,制定了《南水北调东线工程运行管理标准化建设工作总体方案》(东线工发〔2015〕62号),从组织管理、建设内容等方面开展东线运行管理标准化工作,并在洪泽、台儿庄两个试点泵站开展了运行管理标准化建设工作,内容包括管理组织、管理制度、管理规程、管理条件、管理行为、管理档案共六个方面。通过标准化工作的开展,保持设备稳定运行,提升员工职业素养,提高工作效率,为东线工程调水的高效运行和公司快速稳定有序发展奠定基础。标准化建设工作已成为统一管理、规范管理、提升管理东线工程的一个有力抓手。

2016年,以国务院南水北调办开展工程运行安全管理标准化建设为契机,在运行管理标准化建设的基础上,开展运行安全管理标准化建设。2016年4月14日印发了《关于做好南水北调东线工程运行安全管理标准化建设有关工作的通知》(东线工函〔2016〕25号),继续选取洪泽泵站、台儿庄泵站两个管理处,组织开展工程运行安全管理标准化试点工作,并结合工程实际,组织江苏水源公司、山东干线公司开展五大体系和四项清单建设,同时继续全面推行泵站运行管理"组织、制度、规程、条件、行为、档案"六大标准。

## 一、工程运行安全管理体系建设

在印发《南水北调东线工程安全生产管理办法(试行)》和《南水北调东线总公司安全生产责任制度(试行)》的基础上,东线总公司组织成立了东线工程安全生产领导小组及办公室。根据标准化建设通知要求,东线总公司调整并组织建立了东线总公司—江苏水源公司、山东干线公司—分公司(管理局)—泵站管理处等4级运行安全管理体系,明确了各级管理机构职责,从而

涞涿管理处

定州管理处

永年管理处

辉县管理处

禹州管理处

方城管理处

天津管理处

台儿庄泵站管理处

洪泽泵站管理处

**工程运行安全管理五大体系**

保证工程运行安全和水量调度安全, 强化工程重点部位和风险点安全的工程运行安全管理体系;

保证工程安全度汛的防洪度汛安全管理体系;

保证工程、设备设施、信息安全的工程安防管理体系;

提高快速处置能力的应急管理体系;

保证安全管理体系有效运行的责任监督检查体系。

**工程运行安全管理四项清单**

结合工作职责分级完成安全岗位责任清单建设, 全面落实各级安全责任;

完成设备设施运行缺陷清单建设, 及时掌握设备设施运行状况, 确保工程设备设施运行安全;

完成工程运行和水量调度安全问题清单建设, 确保工程安全平稳运行, 足量供水;

完成应急管理行为清单建设, 落实各级应急管理单位和人员的应急处置要求和责任。

图 3-1　南水北调运行管理标准化试点分布示意

形成自上而下的工程运行安全管理体系。

## 二、防洪度汛安全管理体系建设

在印发《南水北调东线一期工程度汛方案及应急预案》的基础上,东线总公司组织成立了南水北调东线一期工程运行管理防汛领导小组及领导小组办公室等防汛组织机构。当前,根据标准化建设通知要求,建立了东线总公司—江苏水源公司、山东干线公司—分公司(管理局)—泵站管理处等4级防洪度汛安全管理体系,明确了各级管理机构职责,从而形成自上而下的防洪度汛安全管理体系。同时,东线总公司组织建立了应急组织机构网络,设置防汛值班室,制定并完善了汛期与非汛期值班制度,加强与气象部门、地方政府防汛部门、流域机构的联系,确保出现异常气候时,能够快速做出处理,保障东线工程度汛安全。

## 三、工程安防管理体系建设

按照标准化建设通知要求,东线总公司结合工作实际建立了东线工程安防领导小组及领导小组办公室等组织机构,建立了东线总公司—江苏水源公司、山东干线公司—分公司(管理局)—泵站管理处等4级工程安防管理体系,明确了各级安防管理职责,推进安防管理体系建设。泵站管理处根据需要成立工作组,服从上级运行管理单位指挥。

## 四、应急管理体系建设

在印发《南水北调东线一期工程突发事件综合应急预案》的基础上,东线总公司建立了南水北调东线一期工程突发事件应急管理组织体系。当前,根据标准化建设通知要求,东线总公司建立了东线总公司—江苏水源公司、山东干线公司—分公司(管理局)—泵站管理处等4级应急管理体系,明确了各级管理机构职责。

## 五、责任监督检查体系建设

东线总公司、江苏水源公司、山东干线公司、分公司(管理局)、泵站管理处分别成立突出领导督导检查作用的责任监督检查组,定期对东线工程运行安全管理体系、防洪度汛安全管理体系、工程安防管理体系及应急管理体系等四大体系建设情况及运行情况进行监督检查,并对检查中发现的问题进行监督整改,依据实际情况适时调整完善相关体系,使体系建设与实际工作密切结合。

## 六、安全岗位责任清单建设

东线总公司、江苏水源公司、山东干线公司、分公司(管理局)及试点泵站分别成立安全生产领导小组(工作组),明确了各级安全生产领导组织机构、各级安全管理人员及一般职工的职责。同时,明确了各级单位主要负责人、分管安全负责人、各部门负责人、专(兼)职安全管理人员的安全职责。此外,试点泵站将各设备设施安全管理责任到人,明确设备设施检查内容,以便及时开展工程日常检查、维护保养工作。当前,东线工程安全岗位责任清单建设已初步完成。

## 七、设备设施运行缺陷清单建设

结合各试点泵站实际,规范了设备设施运行缺陷清单格式,主要包括缺陷工程项目名称、缺陷位置、发现时间、缺陷描述、缺陷分级及缺陷整改情况等内容,并组织试点泵站对以往台账进行梳理,初步形成了运行缺陷清单,将在今后的运行管理工作中持续更新完善,从而为做好工程维修养护和运行管理工作提供技术参考。

## 八、工程运行和水量调度安全问题清单建设

初步规范了东线工程运行和水量调度安全问题清单格式,主要包括问题存在位置、问题内容、发现时间、影响程度、处理情况及处理结果等内容,初步形成了工程运行和水量调度安全问题清单,将在今后的运行管理工作中持续更新完善,从而为做好工程维修养护和水量调度工作提供技术参考。

## 九、应急管理行为清单建设

结合东线工程实际情况,初步规范了东线工程应急管理行为清单,主要包括应急演练记录、应急处置事件记录、常见问题应急管理行为清单等内容,组织试点泵站对常见问题清单进行梳理,并在今后的运行管理工作中持续更新完善,从而为做好应急管理工作提供技术参考。

# 第四节　中线工程运行管理标准化建设

自南水北调中线通水运行后,中线建管局为保障运行安全管理,开展了一系列标准化建设,包括编制标准化工作方案、开展标准化试点等工作,并发布

多个标准化建设的文件,如《关于印发〈南水北调中线干线输水调度管理工作标准修订〉的通知》(中线局调〔2016〕18 号)、《南水北调中线干线工程运行安全管理标准化建设工作方案》(中线局质安〔2016〕27 号)、《关于进一步加强输水调度有关工作的通知》(中线局调〔2016〕47 号)等。

2016 年 4 月 25 日,中线建管局印发了《南水北调中线干线工程运行安全管理标准化建设工作方案》(中线局质安〔2016〕27 号),明确了工程安全管理标准化建设工作目的、任务、计划和要求。结合辖段内工程特点,考虑试点的典型性,中线建管局分别在 5 个分局共选取 7 个现地管理处作为工程运行安全管理标准化建设试点管理处,分别为渠首分局方城管理处,河南分局禹州管理处和辉县管理处,河北分局永年管理处和定州管理处,天津分局天津管理处,北京分局涞涿管理处。制定了中线工程运行安全管理五大体系和四项清单,于 2016 年 7 月 7 日以《关于印发南水北调中线干线工程运行安全管理体系和管理清单的通知》(中线局质安〔2016〕65 号)形式印发,要求各分局根据印发的体系和清单,尽快完善标准化试点管理处的相关制度、办法,编制试点管理处的安全管理清单,明确岗位职责和日常工作重点。

按照工程运行安全管理标准化建设总体工作安排,以及"落实运行安全管理主体责任,完善工程运行安全管理体系、规章制度及技术标准建设,落实运行安全管理办法,落实安全监测和安全防范等规范要求,落实各级安全责任,加强安全责任监督检查,规范安全管理行为"的工作要求,2016 年底中线建管局基本完成了五大体系和四项清单建设,完成 140 余项制度标准制定工作。

## 一、工程运行安全管理体系建设

按照中线建管局的组织机构设置,针对南水北调中线干线工程建设期运行管理阶段安全管理特点,中线建管局首先对全局的安全管理体系进行完善,建立以局安全生产委员会为主导,包括机关各职能部门、各分局和现地管理处的安全管理体系组织机构,明确各级领导、各职能部门和处室职责。局机关各职能部门按照部门职责,对输水调度、金结机电与供配电、自动化、工程维护、水质、工程巡查、安全监测、工程维护等专业安全管理工作内容和要求进行梳理、归纳,编制了相关制度、标准 77 项。

## 二、工程防洪度汛安全管理体系

建立了由中线建管局、分局和三级管理处组成的工程防洪度汛安全管理体系,各级管理机构分别成立防汛指挥部或安全度汛工作小组,各级防汛指挥部和安全度汛工作小组形成自上而下、沟通顺畅的组织机构。明确了各级防汛指挥部(安全度汛工作小组)和相关领导职责,制定了防汛值班制度,并针对 2016 年汛期特点编制了 2016 年度汛方案和应急预案(又称防汛"两案")。

### 三、工程安防管理体系

建立了由一、二级管理机构相关职能部门和三级管理机构组成的安防管理体系组织机构。同时,结合中线建管局的保安公司和警务室建设,将各方安保力量纳入安防管理体系,实施全员安保责任制,构建多层次、全方位的安保管理。制定了《南水北调中线干线工程警务室管理制度(试行)》《南水北调中线干线工程安防系统运行管理办法》等一系列安全保卫相关管理制度。

### 四、工程突发事件应急管理体系

通过对南水北调中线干线工程可能发生的突发事件分析,中线建管局组建了六个专业应急指挥部,各专业应急指挥部与分局突发事件应急指挥部和现地管理处突发事件应急处置小组,在中线建管局突发事件应急领导小组的领导下,共同构成中线建管局的工程突发事件应急管理体系。制定了《南水北调中线干线工程突发事件应急管理办法》《南水北调中线干线工程突发事件综合应急预案》《南水北调中线干线工程水污染事件应急预案》等 16 项专项应急预案。

### 五、责任监督检查体系

实行三级运行责任监督体系,监督体系中既有中线建管局相关职能部门的专业监督,也有质量安全监督中心的综合监督,各级管理机构分层管理、分层监督,构成中线建管局的责任监督检查体系,同时接受上级单位的行政监督和社会监督。制定了《南水北调中线干线工程通水运行安全生产管理办法》《南水北调中线建管局安全生产检查制度》《南水北调中线干线工程通水运行安全管理责任追究规定》和相关专业的监督考核办法。

### 六、中线建管局安全岗位责任清单

按照各级管理机构相关岗位人员的安全管理职责,对各级管理机构主要人员的安全岗位责任进行了梳理,确定了直接责任、间接责任、管理责任、监督责任、主要领导责任和重要领导责任六类安全岗位责任。

### 七、全线设备设施运行缺陷清单

根据南水北调中线干线工程沿线设备设施种类和特点,对设备设施可能发生的运行缺陷进行了梳理和归纳,总结出四个专业十四类设备设施可能发生的 65 项运行缺陷。

### 八、工程运行和水量调度安全问题清单

通过对影响工程运行和水量调度安全的各类风险分析,结合通水后运行管理过程中发现的问题进行归纳,梳理出输水调度类、工程类和水质类对工程运行和水量调度可能产生安全影响的问题 17 大项。

### 九、突发事件应急管理行为清单

按照中线建管局分类管理、分级负责、属地为主的应急管理体制,对应急调度、工程安全和冰冻灾害、水污染、洪涝灾害、金结机电设备及自动化调度系统重大故障、交通事故、穿(跨)越工程、火灾事故等八类突发事件发生后,各级管理机构的信息报送和处置流程进行了细化,规范了突发事件的处置行为标准。

## 第五节  运行安全管理标准化建设成效与意义

经过 2014~2016 年的运行安全管理标准化建设,试点单位健全了各级单位的安全管理规章制度和标准体系,明确了各级单位的管理责任和工作要求,增强了全员安全管理意识,规范了管理者的安全管理行为,有效防范了安全事故发生,为运行安全管理工作奠定了坚实的基础,形成了一批有代表性的标准化渠段、闸站、泵站和管理行为清单,取得了显著成效,发挥了重大意义。

### 一、落实了安全管理主体责任

国家有关安全生产法律法规和规定明确要求,要严格企业安全管理,全面开展安全达标。工程管理单位不仅是运行安全管理的责任主体,也是运行安全管理标准化建设的主体,要通过加强工程管理单位每个岗位和环节的安全管理标准化建设,不断提高安全管理水平,促进工程管理单位安全管理主体责任落实到位。

## 二、强化了安全管理基础工作

运行安全管理标准化建设涵盖了运行安全管理组织体系、责任体系和制度体系建设，坚持以问题为导向，实行安全行为清单管理，在增强人员安全素质、提高设备设施安全运行管理水平、强化岗位责任落实、研究系统解决安全问题等方面，是一项长期的、基础性的系统工程，有利于全面促进工程管理单位提高安全管理保障水平。

## 三、发挥了安全管理分类指导、分级监管作用

按工程管理单位管理体制，开展以三级管理机构为基础，以二级管理机构为重点，以安全责任为核心，实施运行安全管理标准化建设考评，客观真实地反映出各级管理机构的安全管理状况、责任落实情况和安全管理水平，为加强安全监管提供有效的基础支撑。

## 四、有效防范了安全事故的发生

深入开展运行安全管理标准化建设，进一步规范从业人员的行为，提高信息化水平，加强现场各类隐患排查治理，推进运行安全管理长效机制建设，有效防范和坚决遏制事故发生，促进南水北调系统运行安全管理状况持续稳定好转。

# 第四章 快速发展时期(2017~2018年)

进入 2017 年,南水北调运行管理标准化进入了快速发展时期:一方面,运行管理标准化建设内容和要求不断提高,运行管理标准化试点单位速度增加,由原先的 9 个扩展到 30 个,覆盖面进一步扩大;同时管理体系和行为清单逐渐完善,形成了八大体系四项清单,建设内容更加丰富。此外,运行管理标准化实现目标已提升为规范化、信息化和智能化,要求不断提高。另一方面,各管理单位围绕自身发展需求,积极开展多样标准化建设。在完成南水北调办运行管理标准化建设要求的基础上,各管理单位积极开展多种标准化建设,包括标准化顶层设计、标识系统设计、标准化人才队伍建设、信息化建设等,取得了丰硕的成果和较好的实施效果。

## 第一节 总体情况

2017 年 1 月 22 日,南水北调办印发《关于深入开展南水北调工程运行安全管理标准化建设工作的通知》(综建管〔2017〕6 号),提出以 2016 年运行安全管理标准化建设试点成果为基础,扩大试点范围,持续推行运行安全管理组织、责任、制度体系建设和行为清单管理,深入开展南水北调工程运行安全管理标准化、规范化、信息化建设的目标,扩大标准化建设试点单位,其中中线扩大到 21 个试点单位,东线扩大到 9 个试点单位。《关于深入开展南水北调工程运行安全管理标准化建设工作的通知》(综建管〔2017〕6 号),同时要求完善运行安全管理体系和行为清单,将原有的五大体系和四项清单拓展为八大体系和四项清单。其中,完善体系建设包括:一是完善涵盖各层级管理单位近期和远期安全管理责任目标的运行安全目标管理体系;二是持续完善检查发现安全隐患及问题、原因分析、科学处置、责任追究的运行安全问题治理体系;三是建立体现安全文化理念、教育培训、奖惩、标识标牌和安全理念认同及执行的运行安全文化管理体系。完善清单建设包括:在原有清单内容基础上要增加各级管理单位责任检查、考评和改进措施项目,增强全员运行安全管理行为责任意识和监管理念,提高管理水平。

2018 年 4 月 14 日,南水北调办印发《关于深入开展南水北调工程运行安全管理标准化建设工作的通知》(综建管〔2017〕6 号),要求工程管理单位要按照"党政同责、一岗双责、齐抓共管、失职追责"的要求和"稳中求进,提质增效"的总体工作思路,认真落实运行安全管理主体责任,健全工程运行安全管理体系、规章制度,以三级管理机构为基础、二级管理单位为重点完善八大体系和四项清单建设,健全运行安全管理评定标准和考评体系,推进运行安全管理全过程控制,逐步实现运行安全管理规范化、信息化和智能化,实现运行安全管理标准化创新发展、快速发展。

# 第二节　东线工程运行管理标准化建设

东线总公司以工程运行安全管理标准化试点建设为抓手,以安全管理规范化、合理化、实用化为建设目标,探索东线工程运行安全管理体系建设的模式和规律,健全完善相关的制度、标准和清单建设内容,实现东线工程运行安全的标准化管理。2017 年,印发了《关于继续深入开展南水北调东线工程运行安全管理标准化建设工作的通知》(东线工函〔2017〕43 号),7 月 14 日又印发了《南水北调东线工程 2017 年运行安全管理标准化建设工作方案》(东线工函〔2017〕69 号),提出工作目标、思路、组织和实施方案等。按照深入开展八大体系和四项清单建设的新要求,组织各项目管理单位在五大体系和四项清单基础上,系统梳理各单位近年来的管理经验和管理台账并进行补充完善,同时扩大试点类别和范围,组织江苏水源公司、山东干线公司将试点单位增加至 9 个(其中:山东在台儿庄泵站的基础上,新增八里湾泵站、大屯水库和淄博渠道管理处 3 个试点单位;江苏在洪泽泵站的基础上,新增泗洪泵站、解台泵站、金湖泵站、宝应泵站 4 个试点单位)。

2018 年,总结前期推行效果,进一步制定《南水北调东线工程运行管理标准化建设深化实施工作方案》,完成 8 座泵站(宝应站、洪泽站、泗洪站、解台站、万年闸站、韩庄站、长沟站和八里湾站)试点扩展创建基础工作。在深化建设的同时,形成"一个规划、两个设计、四个标准"的运行管理标准化体系。一个规划,即南水北调东线工程运行管理规范化总体规划;两个设计,即南水北调东线一期工程永久性标识系统设计方案和南水北调东线企业视觉识别系统设计方案;四个标准,即南水北调东线泵站、河道(渠道)、水闸、平原水库规范运行管理标准(试行)。三部分相辅相成,逐层推进。从顶层设计、整体形象,到分门别类、运行规范,东线现行标准化体系密切贴近现场需求,符合东线工程类型多样化的实际。

## 一、标准化顶层设计

为深入贯彻南水北调办"稳中求进,提质增效"的工作总要求,进一步提升东线一期新增主体工程管理效益效率,有效规范工程运行管理管控,在前期东线总公司工程运行管理标准化初步成果的基础上,立足东线工程运行管理特点及近年来发现的问题,着眼企业现代化管理,借鉴和转化国内外成功管理经验,探索和利用先进信息技术,2017 年组织开展了南水北调东线工程运行管理规范化总体规划研究,以期更好地指导开展工程运行管理规划化工作,并以此推动东线总公司全面规范化管理,为公司健康持续高效发展奠定坚实的管理基础。

按照《水利部南水北调司关于印发〈南水北调东线工程运行管理规范化总体规划咨询审查意见〉的通知》(南调便函〔2018〕41 号)要求,对照咨询意见,对总体规划进行了修改和完善,于 2018 年 11 月 6 日,以《关于上报〈南水北调东线工程运行管理规范化总体规划〉的报告》(东线调度发〔2018〕132号)文件形式,将最终成果呈报水利部南水北调工程管理司(简称南水北调司)。

该总体规划包括前言、背景及现状、总体要求、建设重点、实施路径及年度计划、预估投入及预期成效、保障措施 7 章,以及 2 个附录(附录 A 主要依据、附录 B 规范化建设外部实施经验)。该规划提出了南水北调东线工程运行管理 2019~2023 年的建设和发展目标:2019~2021 年,全面开展公司工程运行标准体系建设,利用 2~3 年建成统一规范、完整科学的标准体系;2022~2023年,开展标准化与信息化融合建设,固化工程运行标准体系建设成果,强化标准化执行约束,提升信息化运转能力,探索数据化辅助决策,不断提高工程运行管理现代化水平。

## 二、运行管理标准制定

通过前期广泛深入的调研,东线工程积极开展标准编制工作。2018 年,南水北调东线总公司印发了泵站、水闸、河道(渠道)、平原水库等四类运行管理标准,清单见表 4-1。

2018 年 11 月 5 日,东线总公司印发《关于印发〈南水北调东线泵站工程规范运行管理标准(试行)〉的通知》(东线调度函〔2018〕176 号),推广实施泵站工程规范运行管理标准,12 月 12 日下发了《关于印发〈南水北调东线水闸工程规范运行管理标准(试行)〉等三个标准的通知》(东线调度函〔2018〕204

号),推广水闸、河道(渠道)、平原水库等三项标准的应用实施。

表 4-1　四项标准清单

| 序号 | 标准名称 | 标准编号 |
|---|---|---|
| 1 | 南水北调东线泵站工程规范运行管理标准(试行) | NSBDDX001—2018 |
| 2 | 南水北调东线水闸工程规范运行管理标准(试行) | NSBDDX002—2018 |
| 3 | 南水北调东线河道(渠道)工程规范运行管理标准(试行) | NSBDDX003—2018 |
| 4 | 南水北调东线平原水库工程规范运行管理标准(试行) | NSBDDX004—2018 |

## 三、标识系统设计

### (一)《南水北调东线企业视觉识别系统手册》编制

2018 年 5 月,南水北调东线总公司按照规范化工作安排,编制完成《南水北调东线企业视觉识别系统手册》,并以"东线工函〔2018〕62 号"文印发。

### (二)《南水北调东线一期工程永久标识系统设计方案(试行)》编制

《南水北调东线一期工程永久标识系统设计方案(试行)》旨在针对南水北调东线渠道(河道)沿线和渠道建筑物节点(站、闸)的各类标识建设中,建立统一规范指导,实现标识形式、标识系统内在关联、层次结构等的严谨性和系统性,形成稳定、鲜明的外部形象。

标识系统重视标准化设计,严谨引用公共标识规范;重视系统化,标识样式各不相同但保持着高度的关联性;与现实空间和交通结构密切联系,实现标识的布设规律和秩序;重视个性化设计,注重对水文化的理解与表达,以及造型元素的提炼与表达。

标识系统包括建筑物标识,基础设施标识,安全标识,管理信息、技术信息、生产信息标识,导向标识,宣传教育设施标识,配套设施标识等 7 个方面。设计的南水北调标志及标志标准制图见图 4-1、图 4-2。

## 四、人才队伍培训建设

人才队伍建设是标准化运行管理的核心,东线总公司一直注重标准化人才队伍建设,每年举办工程运行管理培训班,规范南水北调东线工程运行管理工作,提高运行管理人员的业务能力,促进东线工程运行管理标准化规范化水平全面提升,保障南水北调东线安全调水、安全运行。

图 4-1  南水北调标志

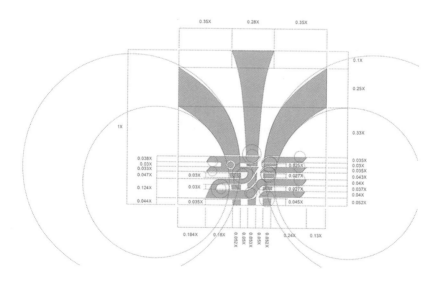

图 4-2  标志标准制图

2018 年 10 月 15~19 日,南水北调东线总公司在江苏扬州江都水利枢纽举办了南水北调东线工程运行管理培训班,江苏水源公司、山东干线公司有关负责人,公司副总工程师出席开班仪式并讲话。

培训活动采用专家授课、实地考察、经验交流三位一体的培训模式,理论联系实际,深入剖析了东线工程运行管理工作中的重点、难点。建立培训"铁三角"机制,督学、班委、教学秘书协力保障培训纪律和质量。围绕工程调度运行、水利工程信息化、工程运行管理精细化、梯级泵站优化运行、标准化成果宣贯等 5 个专题,分别聘请了 5 位业界知名的专家学者开展教学活动。专家们结合自己丰富的工作经验和扎实的理论功底,系统地梳理了各个专题的知识重点,将理论知识讲解得形象而生动,将经典案例分析得深刻而通透。

为了更好地将运行管理理论知识和调度运行实际工作结合起来,培训还专门设置实地考察学习,先后考察学习了江都四站、集中控制中心、枢纽展馆等场所。现场工作人员对水利新技术、水利信息化在实际运行工作的最新应用及江都水利枢纽在标准化、精细化等方面的做法和经验做了生动讲解和具体展示,帮助学员对工程运行管理知识有了更深、更实的领悟。

东线工程各级管理单位运行管理骨干力量齐聚江都,70 多位学员和代表参加了本次培训。会务组建立了微信群供日后交流学习,并专门组织了经验交流会,参训学员和代表结合各自的工作实践和技术经验,围绕自身在南水北调东线调水工作中遇到的实际情况谈问题、谈体会、谈方法、谈收获,并就如何开展好下一步工作提出了建议和意见。这次培训无论是在课堂纪律,还是在教学质量、互动交流、具体安排等方面都获得了参训学员、培训机构以及有关部门的高度好评。大家一致表示开展这样针对性准、专业性强、实操性真的业务培训非常必要,期待今后能开展更多的类似培训,帮助全线运行管理人员能力提升,助力东线工程更好发展!

## 五、建设成果

通过标准化建设,形成符合东线总公司自身发展的八大体系和四项清单。

### (一)八大体系建设情况

#### 1. 工程运行安全管理体系

在印发《南水北调东线工程安全生产管理办法(试行)》和《南水北调东线总公司安全生产责任制度(试行)》的基础上,东线总公司组织成立了东线工程安全生产领导小组及办公室。2017 年以来,结合各单位职责及人员调整变化情况,及时组织更新了东线总公司—江苏水源公司、山东干线公司—分公司(管理局)—泵站管理处等 4 级运行安全管理体系相关内容,进一步明确了各级管理机构职责,健全了自上而下的工程运行安全管理体系。

2.防洪度汛安全管理体系

在印发《南水北调东线一期工程度汛方案及应急预案》的基础上,东线总公司成立了南水北调东线一期工程运行管理防汛领导小组及领导小组办公室等机构。2017年,组织更新了4级防洪度汛安全管理体系,进一步完善了汛期与非汛期值班制度。各基层管理单位加大与驻地气象部门、防办及流域机构的联系,健全了应急通信网络。

3.工程安防管理体系

建立了东线工程安防领导小组及领导小组办公室等机构,健全了4级工程安防管理体系,组织编制了《南水北调东线信访维稳工作措施》《南水北调东线工程反恐应急预案》,各基层管理单位进一步加强了与驻地派出所的工作联系,并完成了部分警务室建设,目前正在积极加强与驻地治安及反恐部门进一步的工作沟通。

4.应急管理体系

在印发《南水北调东线一期工程突发事件综合应急预案》的基础上,组织健全完善了4级应急管理体系,明晰了各级管理机构职责。同时,组织编制了《南水北调东线工程突发水污染事件应急预案》《南水北调东线工程应急预案》《南水北调东线工程冰冻灾害应急预案》等。

5.责任监督检查体系

东线总公司、江苏水源公司、山东干线公司、分公司(管理局)、泵站管理处分别成立以主要领导牵头的责任监督检查组,定期或不定期地对东线工程运行安全管理体系、防洪度汛安全管理体系、工程安防管理体系及应急管理体系等建设及落实情况进行监督检查,要求依据实际情况需要适时调整完善相关体系内容,使体系建设更加符合安全管理工作需要,并对检查中发现的工程事故隐患、安全问题等进行监督整改。

6.运行安全目标管理体系

各级安全生产领导小组结合所辖工程实际,制定本单位近期目标和远期目标。由东线总公司根据国家相关法律法规及南水北调办有关工作要求,制定工程总体安全目标;江苏水源公司、山东干线公司依据东线总公司安全目标,结合管理实际,制定本单位运行安全目标;分公司(管理局)及各现地管理处分别制定本单位运行安全目标。此外,要求各级管理单位同步制定了实现安全目标的保障措施,并在目标执行过程中,随时督促、检查相关措施落实情况,及时调整相关工作措施和方法,确保目标顺利实现。

7. 运行安全问题治理体系

南水北调东线工程运行安全问题治理体系建设受各级责任监督检查领导小组监督检查。

《南水北调东线总公司运行安全监管工作暂行规定》明确了东线工程运行安全监管工作检查方式、安全问题整改原则、问题整改程序及奖惩措施等内容。成立了东线一期工程运行安全监管督查队,负责做好南水北调东线一期新增主体工程运行监管工作,重点对专家委、飞检、举报检查、专项稽查等检查发现的问题进行督促整改,并对工程管理、调度运行、安全生产、防洪度汛、应急处置等管理情况进行监督检查。

8. 运行安全文化管理体系

运行安全文化管理体系建设主要包括安全教育培训、安全标识标牌、工作服及制度上墙;安全作品征集及展示;安全理念认同与执行;安全考评奖惩等内容。

2017年10月,在江苏省南水北调泗洪站枢纽管理所举办了东线工程安全生产管理培训班。培训班邀请相关专家分别从电气安全技术、泵站及水闸安全工作规程等方面进行了现场授课,并组织学员在泵站现场开展了模拟室内高危有害气体泄漏反事故应急演练。结合运行管理标准化建设,在试点单位(台儿庄泵站、洪泽泵站)开展了标识标牌、工作服、制度上墙等项目建设。江苏水源公司、山东干线公司开展了安全作品征集展示,强化了各级人员的安全生产意识,推进了运行安全文化体系建设。制定印发了《南水北调东线总公司运行安全监管工作暂行规定》,并在安全生产督导过程中,将检查结果纳入"三位一体"奖惩体系。

**(二)四项清单建设情况**

1. 安全岗位责任清单建设

东线总公司、江苏水源公司、山东干线公司、分公司(管理局)及泵站管理处细化了各级单位主要负责人、分管安全负责人、各部门负责人、专(兼)职安全管理人员的安全职责,并明确了运行安全责任检查、安全责任考核和评价、问题改进措施等责任内容,全面落实各级安全管理责任。

2. 设备设施运行缺陷清单

各试点泵站通过对以往台账梳理,进一步规范了设备设施运行缺陷清单格式,主要包括缺陷工程项目名称、缺陷位置、发现时间、缺陷描述、缺陷分级及缺陷整改情况等内容,增加了设备设施运行缺陷责任检查、安全责任考核和评价、问题改进措施等。

3. 工程运行和水量调度安全问题清单

在 2016 年初步形成了东线工程运行和水量调度安全问题清单格式的基础上(包括问题存在位置、安全问题内容、发现时间、影响程度、处理情况及处理结果等内容),2017 年补充增加了运行安全隐患和问题责任检查、安全责任考核和评价、问题改进措施等内容。

4. 应急管理行为清单

结合东线工程实际情况,在应急管理行为清单的基础上,2017 年进一步规范了东线工程应急管理行为清单,主要包括应急演练记录、应急处置事件记录、常见问题应急管理行为清单、应急管理行为责任检查、考核和评价以及改进措施等内容,并组织试点泵站对常见问题清单进行了系统梳理。

# 第三节　中线工程运行管理标准化建设

2017~2018 年,南水北调中线按照南水北调办督办要求和工作部署,在规范化建设工作的基础上,按照"稳中求好、创新发展"的总体工作思路,以问题为导向、以生产为重点,紧紧围绕"供水安全"的核心要求,致力于实现"干什么、谁来干、怎么干、干不好怎么办"的规范化目标,同时以信息化全面带动运行管理规范化,不断提升运维管理水平。通过开展规范化建设系列活动,有效提高了日常工作规范化管理水平和突发事件处置能力,为安全生产和安全度汛提供了坚强保障,初步实现了"管理水平有提升、形象面貌有改进、安全生产有保证"的阶段性目标。

2017 年,中线建管局发布了一系列运行管理标准化建设的指导性文件。3 月 23 日,中线建管局印发了《关于印发〈南水北调中线干线工程运行安全管理标准化建设试点工作指导手册〉的通知》(中线局质安〔2017〕27 号),指导手册共包括 7 个部分:工作简介、工作组织、标准化建设工作内容、工作计划、职责分工、检查考核和附件。指导手册明确了 2017 年标准化建设工作内容、工作计划、职责分工和检查考核要求等;各分局在中线建管局试点工作指导手册的基础上,结合分局管理特点,对手册进行了细化;各试点管理处按照分局细化的工作方案制定了相应的实施方案,分专业明确具体负责人,任务分解到人。

同时,中线工程开展标准化管理机制规范建设,2017 年 6 月 19 日,中线建管局印发了《关于成立中线干线工程运行管理规范化建设工作领导小组的通知》(中线局综〔2017〕14 号),决定成立中线干线工程运行管理规范化建设领导小组,并下设办公室,中线干线管理局主要领导均是领导小组成员,其中局长担任小组组长,并确定了人员分工和机构主要职责;10月,印发了《关于调整南水北调中线建管局运行管理规范化建设工作领导小组成员的通知》(中线局综〔2017〕29号),根据工作需要对领导小组及办公室成员进行了调整。

通过2017~2018年两年的标准化建设,至2018年底,南水北调中线全面实施现地管理处标准化、规范化管理,包括健全制度标准体系,在全线推广使用;梳理建立现地管理处运行管理主要业务名录;梳理、优化现地管理处运行管理相关专业关键业务流程;组织开展闸站、水质自动监测站、中控室标准化建设等。

## 一、标准化顶层设计

2017年,中线启动运行管理标准化的顶层设计,开展了运行管理标准化规划、标准化体系等编制工作。

### (一)运行管理标准化规划

为做好规范化建设顶层设计,2017年中线建管局启动开展运行管理规范化建设总体规划编制工作。以南水北调系统"负责、务实、求精、创新"的核心价值观和"稳中求好、创新发展"的工作思路为指导,围绕打造"安全之渠、现代之渠、和谐之渠、发展之渠、绿色走廊、清水走廊"的发展目标,开展分阶段、分层次的顶层设计,明确了中线建管局近期规范化建设目标及实施路径,至2018年正式形成《南水北调中线干线工程建设管理局运行管理规范化建设总体规划(2018~2020年)》。

### (二)运行管理标准化体系

在标准化体系建设方面,2017年中线建管局围绕运行安全管理八大体系,开展运行管理制度体系建设,明确体系建设原则,即围绕工程运行直接相关专业,以问题为导向,参照标准化理论,按照"物(设备设施)、事(管理事项)、岗(工作岗位)"全覆盖的原则开展技术标准、管理标准和工作标准的编制和修订工作,同时以综合管理、财务管理、计划合同、人力保障等相关制度标准作为支撑,搭建工程运行管理标准化体系框架。基本实现了运行管理标准在现地管理处设施设备、管理事项和工作岗位上的全覆盖,运行管理工作有据可依,为中线工程平稳、高效运行奠定了坚实基础。

同时,统一标准制修订要求,开展标准体系编制指南、规章制度编写规范等标准编制,2018年2月,印发了《关于批准发布〈企业标准体系编制指南〉、〈规章制度编写规范〉和〈规章制度管理标准〉(试行)的通知》(中线局〔2018〕7号),推广实施了《企业标准体系编制指南》(Q/NSBDZX 121.02—2018)、《规章制度编写规范》(Q/NSBDZX 121.03—2018)和《规章制度管理标准(试行)》(Q/NSBDZX 221.01—2018)3项标准,对运行管理标准的种类、适用范围、体例格式等进行规范。

**(三)年度工作方案**

每年年初开展标准化年度工作方案制订工作,明确一年的标准化建设任务和时间节点,保障标准化建设有序进行,如2017年,按要求编制了《中线干线工程运行管理规范化建设2017年度工作方案》,并配合南水北调办于5月24日完成了专家咨询;经修改完善后,于6月19日正式印发。

## 二、标准化试点建设

为做好规范化建设工作,进一步完善相关规章制度和工作流程,2017~2018年共开展安全管理标准化等4项试点工作,以汲取相关经验,各项试点进展情况如下。

**(一)全面推广安全管理标准化建设**

为实现以点带面,考虑运行安全管理标准化建设的连续性,中线建管局在2016年7个试点管理处的基础上,在5个分局共新增14个试点管理处(见表4-2),试点管理处总数接近全部管理处数量的50%。新增试点管理处的选择,充分考虑管理处所在地理位置、管理范围内工程特点、管理处人员配备、运行安全管理现状等综合因素,利于以点带面,为运行安全管理标准化建设的全面开展打下基础。根据南水北调办相关文件要求,以21个试点管理处为重点,全线推广,重点从完善运行安全管理体系、细化运行安全管理行为清单、宣贯培训、制度标准落实和检查考核等方面开展相关工作。通过八大体系相应岗位职责的明确和四大清单相应问题发现、考评和改进等责任的明确,形成了各专业各项工作计划、组织实施、监督管理等3个层面,层层管控的良好工作状态,管理行为得到了更进一步的规范,各项工作计划更有针对性,实施更有可操作性,各项规章制度、流程等的适用性得到了检验。

同时,为加快工程运行安全管理标准化建设步伐,中线建管局以21个试点管理处为重点,要求其他管理处同步参与运行安全管理标准化建设。

表 4-2　中线建管局 2017 年标准化建设试点管理处清单

| 序号 | 试点管理处 | | 辖段长/km | 说明 |
|---|---|---|---|---|
| 1 | 渠首分局 | 方城管理处 | 60.80 | 2016 年试点 |
| 2 | (2个) | 镇平管理处 | 35.83 | 2017 年新增试点 |
| 3 | 河南分局 | 禹州管理处 | 42.24 | 2016 年试点 |
| 4 | | 辉县管理处 | 48.95 | |
| 5 | | 叶县管理处 | 30.27 | 2017 年新增试点 |
| 6 | 河南分局 | 长葛管理处 | 11.46 | |
| 7 | (8个) | 郑州管理处 | 31.74 | |
| 8 | | 穿黄管理处 | 19.30 | |
| 9 | | 温博管理处 | 28.50 | |
| 10 | | 汤阴管理处 | 21.32 | |
| 11 | | 永年管理处 | 18.19 | 2016 年试点 |
| 12 | | 定州管理处 | 21.35 | |
| 13 | | 邯郸管理处 | 21.11 | 2017 年新增试点 |
| 14 | 河北分局 | 邢台管理处 | 47.56 | |
| 15 | (7个) | 临城管理处 | 27.17 | |
| 16 | | 新乐管理处 | 33.98 | |
| 17 | | 顺平管理处 | 18.10 | |
| 18 | 北京分局 | 涞涿管理处 | 25.44 | 2016 年试点 |
| 19 | (2个) | 易县管理处 | 44.40 | 2017 年新增试点 |
| 20 | 天津分局 | 天津管理处 | 23.86 | 2016 年试点 |
| 21 | (2个) | 容雄管理处 | 43.07 | 2017 年新增试点 |

## (二)实体工程标准化试点建设

实体工程标准化试点建设是中线建管局规范化建设工作的重要组成部分,也是提升运行管理水平的有效途径。2017~2018 年,组织开展了闸站、水质自动监测站、中控室等标准化试点建设,在试点建设的基础上进行推广。

2017 年度,以信息机电 54 项标准及其他管理制度为基础、以工程巡查维护系统为平台、以闸站实体环境为载体、以规范巡查维护行为与提高运维效果为落脚点,以闸站管理标准化、工程流程标准化、设备设施标准化、工作环境标准化为抓手,开展闸站标准化建设工作。闸站标准化建设以渠首分局为试点单位,分3个阶段开展工作:第一阶段,开展机电专业为主的标准化闸站试点工作;第二阶段,全面开展机电、电力、信息自动化专业闸站标准化试点工作;第三阶段,组织全线开展闸站标准化建设工作。

2018年,继续开展实体工程标准化建设,开展了闸站、水质自动监测站、中控室标准化试点建设,并在总结试点成果的基础上,编制形成了南水北调中线《中控室生产环境标准化建设技术标准(修订)》《水质自动监测站生产环境标准化建设技术标准》《闸(泵)站生产环境标准化建设技术标准(修订)》3份技术标准。

2017~2018年,共完成296座闸站、12座水质自动监测站和44个中控室的工程实体标准化建设,进一步改善了工作环境,提升了硬件设备支撑,规范了员工作业行为,为中线输水平稳运行提供了保障;同时,标准化渠道建设试点的顺利推进为后续全线渠道标准化建设奠定了坚实基础。

**(三)清单管理规范化试点建设**

按照国务院南水北调办要求,在定州、禹州、邓州、叶县开展任务清单试点工作。期间多次召开会议,对"运行管理规范化任务清单"格式及内容进行了统一,并要求各试点管理处按照统一格式和内容章节对初步编制的任务清单进行再修改完善。2017年度,各试点管理处完成了"运行管理规范化任务清单"编制工作,涵盖11个专业114项工作项目239项工作内容465项具体标准或要求,涉及19个工作岗位。

**(四)调度业务规范化试点建设**

以贯彻执行相关规章制度,夯实输水调度工作基础,建立自查自纠和信息共享共改机制,充分利用自动化调度系统,着力提升调度手段等内容为重点,在渠首分局开展调度业务规范化建设试点工作。通过试点,进一步强化应急调度反应能力,及时发现和处理调度管理问题,全力推进输水调度各项工作规范化,保障输水调度安全。

## 三、标准制修订和定期查改

根据运行安全管理八大体系内容,中线建管局制定了一系列制度标准,通过不断完善,2017年7月形成《运行安全管理标准化建设体系清单》(2017版),包含运行安全管理体系制度标准共106项,涵盖了安全生产、输水调度、信息机电、工程维护、水质保护、工程巡查和安全监测等各专业。各分局需编制的相应办法细则 14 项,管理处需制定的实施细则及预案类共 7 项(见表 4-3~表 4-9)。初步实现了顶层设计,标准统一,分层管理,逐层实施。

表 4-3　工程运行安全管理体系制度及标准汇总

| 序号 | 专业 | 文件名称 |
|---|---|---|
| | | **一、中线建管局** |
| | | (一)制度办法 |
| 1 | 综合 | 南水北调中线干线工程运行管理与维修养护实施办法(试行) |
| 2 | | 南水北调中线干线工程通水运行安全生产管理办法(试行) |
| 3 | 输水调度 | 南水北调中线建管局总调中心管理办法(试行) |
| 4 | | 南水北调中线建管局分调中心管理办法(试行) |
| 5 | | 南水北调中线建管局现地管理处中控室管理办法(试行) |
| 6 | | 南水北调中线干线工程分水调度管理办法(试行) |
| 7 | 信息机电 | 南水北调中线干线工程机电物资管理办法 |
| 8 | | 南水北调中线干线工程机电运行与维修养护管理办法 |
| 9 | | 南水北调中线干线工程节制闸闸站值守管理办法 |
| 10 | | 南水北调中线干线工程信息机电维护队伍管理办法 |
| 11 | | 自动化调度系统运行及维护管理办法 |
| 12 | | 自动化调度系统过渡期运行维护监督考核办法 |
| 13 | | 自动化调度系统网管中心值班制度 |
| 14 | | 自动化调度系统机房管理制度 |
| 15 | | 自动化调度系统故障处理制度 |
| 16 | | 南水北调中线建管局信息机电设备运行管理细则 |
| 17 | 工程维护 | 南水北调中线干线工程土建和绿化工程维护养护管理办法 |
| 18 | 水质保护 | 南水北调中线干线工程建设管理局水质监测管理办法(修订版) |
| 19 | | 南水北调中线干线工程建设管理局水质监测实验室安全管理办法 |
| 20 | | 南水北调中线干线工程建设管理局水质自动监测站运行维护管理办法 |
| 21 | | 南水北调中线干线工程建设管理局水质保护专用设备设施管理办法 |
| 22 | | 南水北调中线干线工程建设管理局污染源管理办法 |

续表 4-3

| 序号 | 专业 | 文件名称 |
|---|---|---|
| 23 | 工程巡查 | 南水北调中线干线工程运行期工程巡查管理办法 |
| 24 | 安全监测 | 南水北调中线干线工程运行安全监测管理办法(试行) |

(二)标准规程

| 1 | 输水调度 | 南水北调中线干线输水调度管理工作标准(修订) |
|---|---|---|
| 2 | | 南水北调中线一期工程总干渠初期运行调度暂行规定(试行) |
| 3 | | 闸站金属结构及机电设备维护检修规程 |
| 4 | | 泵站金属结构及机电设备维护检修规程 |
| 5 | | 金属结构及机电设备运行规程 |
| 6 | | 南水北调中线干线 10~110 kV 供电系统架空及电缆线路运行维护检修规程 |
| 7 | | 通信管道光缆维护规程 |
| 8 | 信息机电 | 通信设备维护规程 |
| 9 | | 计算机网络系统维护规程 |
| 10 | | 闸站监控系统维护规程 |
| 11 | | 安全监测系统维护规程 |
| 12 | | 视频监控系统维护规程 |
| 13 | | 调度会商实体环境系统维护规程 |
| 14 | | 数据存储与应用支撑平台维护规程 |
| 15 | | 视频会议系统维护规程 |
| 16 | | 南水北调中线干线工程绿化工程养护标准 |
| 17 | | 南水北调中线干线渠道工程维修养护标准(修订) |
| 18 | 工程维护 | 南水北调中线干线工程输水建筑物工程维修养护标准(修订) |
| 19 | | 南水北调中线干线工程排水建筑物工程维修养护标准(修订) |
| 20 | | 南水北调中线干线工程泵站工程维修养护标准(修订) |
| 21 | | 南水北调中线干线工程建设管理局水环境日常监控规程 |
| 22 | 水质保护 | 南水北调中线干线工程建设管理局水质监测实验室质量控制标准 |
| 23 | | 南水北调中线干线工程建设管理局常用仪器设备操作规程 |

**续表 4-3**

| 序号 | 专业 | 文件名称 |
|---|---|---|
| 24 | 安全监测 | 南水北调中线干线工程安全监测数据采集和初步分析技术指南(试行) |
| （三）操作手册与作业指导 | | |
| 1 | 输水调度 | 南水北调中线干线工程输水调度业务作业指导书(修订) |
| 2 | 信息机电 | 柴油发电机组运行巡视岗位工作手册 |
| 3 | | 低压配电设备运行巡视岗位工作手册 |
| 4 | | 闸站金结设备和强排泵站水机设备运行工作手册 |
| 5 | | 通信综合网管系统操作使用手册 |
| 6 | | 通信传输网管系统操作使用手册 |
| 7 | | 键盘及电脑调度台操作使用手册 |
| 8 | | 光缆自动监测系统操作使用手册 |
| 9 | | 动力环境监控系统操作使用手册 |
| 10 | | 计算机网络设备与IT基础设施监控系统操作使用手册 |
| 11 | | 闸站监控系统操作使用手册 |
| 12 | | 安全监测自动化系统操作使用手册 |
| 13 | | 视频监控系统操作使用手册 |
| 14 | | 视频会议系统操作使用手册 |
| 15 | | 节制闸液压启闭机操作流程 |
| 16 | | 控制闸液压启闭机操作流程 |
| 17 | | 柴油发电机组操作流程 |
| 18 | 工程维护 | 南水北调中线干线工程土建和绿化维修养护手册 |
| 19 | 水质保护 | 南水北调中线建管局水质保护现场工作手册 |
| 20 | 安全监测 | 南水北调中线干线工程安全监测数据采集手册 |
| 21 | | 南水北调中线干线工程安全监测资料初步分析手册 |

续表 4-3

| 序号 | 专业 | 文件名称 |
|---|---|---|
| 二、分局 | | |
| 1 | 工程维护 | 南水北调中线建管局×××分局工程维护实施细则 |
| 2 | 工程巡查 | 南水北调中线建管局×××分局工程巡查考核办法 |
| 3 | 安全监测 | 南水北调中线建管局×××分局安全生产管理办法 |
| 三、现地管理处 | | |
| 1 | 工程巡查 | 现地管理处工程巡查工作手册 |
| 2 | 安全监测 | 现地管理处安全生产实施细则 |

表 4-4　工程防洪度汛安全管理体系制度及标准汇总

| 序号 | 文件名称 |
|---|---|
| 一、中线建管局 | |
| 1 | 南水北调中线干线工程×××年度汛方案 |
| 2 | 南水北调中线干线工程防汛应急预案 |
| 3 | 南水北调中线干线建设管理局防汛值班制度 |
| 二、分局 | |
| 1 | ×××分局××××年工程度汛方案 |
| 2 | ×××分局防汛应急预案 |
| 三、现地管理处 | |
| 1 | ×××管理处××××年工程度汛方案 |
| 2 | ×××管理处防洪度汛应急预案 |

表 4-5  工程安防管理体系制度及标准汇总

| 序号 | 文件名称 |
|---|---|
| **一、中线建管局** | |
| **(一)制度办法** | |
| 1 | 南水北调中线干线工程通水运行安全生产管理办法(试行) |
| 2 | 南水北调中线干线工程通水运行安全管理责任追究规定 |
| 3 | 南水北调中线干线生产生活区消防管理办法 |
| 4 | 南水北调中线干线工程警务室管理制度 |
| 5 | 南水北调中线干线工程保安管理办法 |
| 6 | 南水北调中线干线工程安防系统运行管理办法 |
| 7 | 闸站准入管理规定 |
| 8 | 南水北调中线建管局现地管理处中控室管理办法(试行) |
| 9 | 南水北调中线干线工程出入工程管理范围管理规定 |
| 10 | 南水北调中线建管局机关安全保卫规定 |
| **(二)标准规程与工作手册** | |
| 1 | 自动化消防联网系统及气体灭火系统维护工作技术要求 |
| 2 | 南水北调中线干线工程现地管理处专(兼)职安全管理人员工作手册 |
| 3 | 南水北调中线工程保安服务有限公司安保人员工作手册 |
| **二、分局** | |
| 1 | 安全生产管理实施细则 |
| 2 | 生产生活区消防管理实施细则 |
| 3 | 安防系统运行管理实施细则 |

表4-6　工程突发事件应急管理体系制度及标准汇总

| 序号 | 文件名称 |
|---|---|
| 一、中线建管局 | |
| 1 | 南水北调中线干线工程突发事件应急管理办法 |
| 2 | 南水北调中线干线工程突发事件综合应急预案 |
| 3 | 南水北调中线干线工程突发事件应急调度预案(修订) |
| 4 | 南水北调中线干线工程水污染事件应急预案(修订) |
| 5 | 南水北调中线干线工程通水运行工程安全事故应急预案 |
| 6 | 南水北调中线干线工程防汛应急预案 |
| 7 | 南水北调中线干线工程穿越工程突发事件应急预案 |
| 8 | 南水北调中线干线工程火灾事故应急预案 |
| 9 | 南水北调中线干线工程重大交通事故应急预案 |
| 10 | 南水北调中线干线工程冰冻灾害应急预案 |
| 11 | 南水北调中线干线工程突发群体性事件应急预案 |
| 12 | 南水北调中线干线工程防恐怖袭击应急预案 |
| 13 | 南水北调中线干线工程地震灾害应急预案 |
| 14 | 南水北调中线干线工程涉外突发事件应急预案 |
| 15 | 南水北调中线干线工程突发事件新闻发布应急预案 |
| 16 | 南水北调中线干线工程水体藻类防控预案(试行) |
| 二、分局 | |
| 1 | ×××分局突发事件综合应急预案 |
| 2 | ×××分局水污染突发事件应急预案 |
| 3 | ×××分局防汛应急预案 |
| 4 | 惠南庄泵站机组专项应急预案 |
| 三、现地管理处 | |
| 1 | ×××管理处突发事件现场应急处置方案 |
| 2 | ×××管理处水污染突发事件现场应急预案 |
| 3 | ×××管理处防洪度汛应急预案 |

表 4-7 责任监督检查体系制度及标准汇总

| 序号 | 文件名称 |
|---|---|
| **一、中线建管局** | |
| 1 | 南水北调中线干线工程通水运行安全生产管理办法(试行) |
| 2 | 南水北调中线干线工程通水运行安全管理责任追究规定 |
| 3 | 南水北调中线建管局安全生产检查制度 |
| 4 | 南水北调中线干线工程信息机电维护队伍管理办法 |
| 5 | 自动化调度系统过渡期运行维护监督考核办法 |
| 6 | 南水北调中线干线工程水质自动监测站运行维护考核办法(试行) |
| **二、分局** | |
| 1 | ×××分局运行管理考核办法 |
| 2 | 现地管理处岗位人员考核办法 |

表 4-8 运行安全问题治理体系制度及标准汇总

| 序号 | 文件名称 |
|---|---|
| **中线建管局** | |
| 1 | 南水北调中线干线工程运行安全问题查改工作规定 |

表 4-9 运行安全文化管理体系制度及标准汇总

| 序号 | 文件名称 |
|---|---|
| **中线建管局** | |
| 1 | 南水北调中线干线工程建设管理局企业视觉识别系统 |
| 2 | 南水北调中线干线工程永久标识系统 |

同时定期开展已制定的标准查改工作,2017 年开展中线运行管理制度标准评估,针对通水以来陆续出台的 140 余项制度标准开展运行评估,及时修订补充,完善运行管理规范化体系,建立高效、有序、常态化的查改工作机制。2017 年度确定需完善的标准、办法等共计 204 项,其中标准 136 项(技术标准60 项、管理标准 34 项、工作标准 42 项),办法、预案等 68 项。2018 年度,根据年初规范化建设专题会议制定的标准制修订计划,全年共完成 185 项制度标

准(含新增)的制修订工作,其中技术标准68项、管理标准28项、工作标准38项、规章制度51项,共分为20个专业,详细统计情况见表4-10。

表4-10 2018年度标准制修订计划完成情况统计

| 序号 | 专业 | 数量 | 说明 |
|---|---|---|---|
| 1 | 输水调度 | 12 | 新增1项 |
| 2 | 通信 | 21 | |
| 3 | 网络 | | |
| 4 | 自动化 | | |
| 5 | 机电 | 21 | 新增1项 |
| 6 | 供配电 | 14 | 新增2项 |
| 7 | 消防 | 1 | |
| 8 | 水质 | 12 | 新增1项 |
| 9 | 安全生产 | 5 | 新增1项 |
| 10 | 安全保卫 | 8 | 新增1项 |
| 11 | 安全监测 | 6 | |
| 12 | 工程巡查 | 6 | 新增1项 |
| 13 | 土建绿化维护 | 12 | 新增2项 |
| 14 | 防汛与应急 | 20 | |
| 15 | 综合管理 | 13 | 新增1项 |
| 16 | 计划合同 | 8 | |
| 17 | 人力资源 | 7 | |
| 18 | 财务资产 | 11 | |
| 19 | 档案 | 6 | |
| 20 | 科学技术 | 2 | |
| | 小计 | 185 | 11 |

## 四、建立运行管理业务流程体系

在2017年规范化建设工作的基础上,2018年针对运行管理直接相关专业,开展局机关、分局、现地管理处的业务名录梳理、关键业务流程图绘制等工作。

2018年3月,选择输水调度和机电两大专业为试点,开展业务名录梳理、关键业务流程图绘制等工作。通过试点,总结梳理经验,后期全面开展,并通过组织各相关专业的业务骨干,采用集中办公形式开展相关工作,于2018年底完成12个专业489项业务名录的梳理和30个关键业务流程图的绘制工作(见表4-11),基本厘清了中线工程运行管理主要业务内容和工作依据,进一步明晰了工作流程和岗位职责,业务管理更加规范。

表4-11　工程运行管理专业业务名录及关键流程图统计(2018年度)

| 序号 | 专业 | 业务数(项) | 流程图数量(个) |
|------|------|------------|----------------|
| 1 | 输水调度 | 54 | 6 |
| 2 | 供配电 | 74 | 4 |
| 3 | 水质保护 | 81 | 2 |
| 4 | 安全保卫 | 16 | 2 |
| 5 | 安全监测 | 41 | 2 |
| 6 | 安全生产 | 40 | 2 |
| 7 | 工程巡查 | 10 | 2 |
| 8 | 机电金结 | 57 | 2 |
| 9 | 通信、网络、自动化 | 45 | 5 |
| 10 | 土建绿化 | 19 | 暂无 |
| 11 | 消防 | 28 | 2 |
| 12 | 应急与防汛 | 24 | 1 |
| | 小计 | 489 | 30 |

## 五、运行管理标准化信息化建设

围绕企业生产活动,同步研发南水北调中线干线工程巡查实时监管系统APP(应用程序),实现"人员、问题、过程"等信息实时展现。试用表明,系统能够在巡查过程中对工作人员提供实时指导,全面提高了问题查改工作质量与工作效率,同时大大提高了问题数据统计的准确性,为领导科学决策提供有力支撑。

南水北调中线干线工程巡查实时监管系统 APP 基于地理信息系统(GIS)平台,采用 B/S 架构、移动智能终端 APP 等技术,对中线工程 1 432 km 渠道及建筑物、各类控制闸站 307 座,涉及信息机电、水质安全、安全监测、土建绿化等 4 大专业的巡视、巡查及维护工作进行信息化管理。核心功能是实现对各个专业发现问题、上报问题、处理问题整个流程的监控,对流程中各类设备设施状态、人员状态等进行实时监管;并能对所发现问题进行统计、分析。

2017 年度对相应的系统逐步进行试点运行,如 2017 年 6 月信息机电专业工程巡查系统在渠首分局开展试运行工作;10 月土建绿化专业工程巡查系统在 5 个分局各挑选一个管理处进行试点,通过试点进一步完善系统各项功能;至 2017 年底,南水北调中线干线工程巡查实时监管系统(试验版)研发已基本完成,各相关专业部门已完成信息录入和开展相关培训工作,并实现了信息机电、水质安全、安全监测、土建绿化 4 大专业全部上线试运行。

## 六、运行管理标准化建设成效

通过 2017~2018 年的标准化建设,运行管理制度标准体系持续完善,工程管理单位的三级管理机构基本形成了责任清晰、流程高效流畅、问题发现治理快速的标准化格局,管理组织和工作体系明确、制度完善、责任清晰、措施可操作性强、应急应对能力高,工程实体问题日趋减少,员工行为日益规范,工程运行管理规范化水平不断提高,取得了良好的预期效果。

### (一)运行管理环境

工程运行整体环境有了较大的提升。实施电缆沟改造,开展制度上墙、规范闸室布置;按照维修养护标准,及时对土建工程和信息机电金结设备进行维护,加强对各类设备设施的日常管理;提高工程隔离设施防范能力,规范工程沿线应急处置设施,工程形象焕然一新。对中控室及管理处办公室标准化规划布置,为员工创造了良好的现场办公环境,有效提升了运行管理工作形象。

### (二)操作流程标准化

一是建立了系统的工程运行和突发事件应急管理体系,对安全隐患和问题及早发现、及时报告、快速处置、及时消除。尤其是对工程汛情、水污染事件等突发事件,有效地解决或减少运行管理过程中的"不规范问题"。组建了应急组织机构,编制了应急预案和处置方案,储备了物资设备,为快速除险、保证工程安全和水质安全奠定了坚实基础。

二是通过建立标准化工作流程和操作规程,运行调度和机电设备操作逐步规范,误操作率不断降低。

三是通过组织员工业务培训以及技能比武,员工业务素质和技能水平不断提升,应急处置能力显著增强。通过建立制度、规范流程、加强培训,分局和管理处人员操作和处置能力均有较大提升。

### (三)管理行为规范化

通过八大体系相应岗位职责的明确和四项清单相应问题发现、考评和改进等责任的明确,形成了各专业工作计划、组织实施、监督管理等各层面层层管控的良好工作状态,管理行为得到了更进一步的规范,各项工作计划更有针对性,实施更有可操作性,各项规章制度、流程更有适用性。初步实现工程运行管理制度标准化和管理人员行为规范化,实现了物、事、岗全覆盖,明确了相关各级组织和岗位职责,工程设施设备状态可控。

此外,利用信息化平台开展日常巡查维护工作,实现了人员、问题、过程全覆盖,大大提高了发现和解决问题的效率和质量,为实现工程运行信息化管理奠定了基础。

# 第四节　运行安全管理体系和行为清单建设说明

2017 年年初,在五大体系和四项清单的基础上,根据试点工作情况,结合三级管理机构实际需求,提出了较为完善的八大运行安全管理体系和四项运行安全行为管理清单。

## 一、运行安全管理体系

### (一)运行安全目标管理体系

各级运行管理单位,除确定年度运行安全责任管理目标外,还需确定近期和远期的运行安全责任管理目标。

### (二)工程运行安全管理体系

建立各层级运行防洪安全和供水调度安全管理的组织、责任和制度体系,突出工程运行安全和供水调度重点工程部位和风险点,编制运行安全管理工作方案,实施责任管理,确保工程运行安全和供水调度安全。

### (三)防洪度汛安全管理体系

建立各层级运行度汛安全管理的组织、责任和制度体系,突出防汛重点工程部位和风险点,编制防汛方案和应急预案,建立军地联防联动机制,做好即采即用的应急抢险物资和技术储备,针对运行管理需求开展防汛演练,保证工程度汛安全。

### (四)工程安防管理体系

建立各层级工程安防管理的组织、责任和制度体系,制订安全保护方案,开展保护范围划定和管理范围管理,建立健全安全保护责任制,加强工程安全保护设施建设、运行、维护,突出工程重要水域、重要设施的守卫和抢险救援,落实人防、物防、技防等治安防范措施,及时排除隐患,保证工程设施安全。

### (五)应急管理体系

建立应急管理的组织指挥、职责和制度体系,针对重大工程安全事故、洪涝灾害、断水停水事故等突发事件,编制工程应急预案、防汛应急预案和输水调度应急预案,建立预防与预警机制、处置程序、应急保障措施和恢复重建措施等,提高快速处置能力。

### (六)运行安全问题治理体系

建立各层级运行安全问题治理的组织、责任和制度体系,制订检查发现安全隐患及问题、进行原因分析、科学处置安全隐患及问题、对安全隐患及问题处理不及时的责任单位和责任人进行责任追究的工作方案,狠抓内控管理,落实问题整改责任,确保问题系统整改到位,消除安全隐患。

### (七)责任监督检查体系

建立各层级运行安全责任监督检查的组织、职责和制度体系,制订运行安全管理责任检查方案,明确各层级安全责任监督检查的责任,严肃责任追究,确保运行安全管理体系有效运行。

### (八)运行安全文化管理体系

建立各层级运行安全文化管理的组织、职责和制度体系,制订包含运行安全管理思想、安全管理模式、安全机制体系在内的安全文化管理方案,开展运行安全管理教育培训,建立运行安全责任考核与奖惩机制,建立安全标识标牌,构建运行班组安全管理文化认同及执行理念,塑造系统安全文化环境,提高职工安全文化素质,营造职工共同安全价值观,形成具有南水北调工程运行安全管理特色的文化理念。

## 二、运行安全行为管理清单

### (一) 安全岗位责任清单

结合工作职责分级建设完成安全岗位责任清单,各级管理单位要明确运行安全责任检查、安全责任考核和评价、问题改进措施的责任内容,全面落实各级安全管理责任。

### (二) 设备设施运行缺陷清单

完成设备设施运行缺陷清单建设,及时掌握设备设施运行状况,各级管理单位还要明确设备设施运行缺陷责任检查、安全责任考核和评价、问题改进措施的责任内容,确保工程设备设施运行安全。

### (三) 安全问题清单

梳理自查和他查发现的运行安全隐患和问题,建设完成工程运行和水量调度安全问题清单,各级管理单位还要明确运行安全隐患和问题责任检查、安全责任考核和评价、问题改进措施的责任内容,确保工程安全平稳运行,足量供水。

### (四) 应急管理行为清单

结合管理区域运行管理特点和应急预案,建设完成应急管理行为清单,落实各级应急管理单位和人员的应急处置要求,还要明确应急管理行为责任检查、安全责任考核和评价、问题改进措施的责任内容,提高应急管理能力和管理水平。

# 第五章 全面发展时期(2019年至今)

2018年是全面贯彻党的十九大精神的开局之年,也是水利事业承前启后的重要一年。根据中央关于机构改革的部署,南水北调办并入水利部,机构职能得到优化调整,南水北调工作开启了新的征程,南水北调运行管理标准化进入了全面发展时期。

运行管理标准化建设主要包括3个方面:一是随着行业标准化改革和2014版《水利技术标准体系表》修订,将21项南水北调标准作为专项标准列标准体系,统一管理;二是开展南水北调团体标准编制,围绕"水利工程补短板,水利行业强监管"水利发展总基调,开展了《大中型泵站工程规范运行管理标准》《渠道运行管理规程》等团体标准编制,并计划围绕南水北调工程中水站、水质监测站等单位开展标准化创建,形成一套完整的南水北调运行管理技术标准体系;三是东线和中线结合自身发展需求,开展了标准化创建提升建设。

## 第一节 行业标准建设

伴随着2014版《水利技术标准体系表》修订,南水北调司组织南水北调系统参照《水利技术标准体系表》,对南水北调专项技术标准体系适用情况进行梳理,最终确定将现有21项南水北调技术标准(清单见附录2)作为专项列入2021版《水利技术标准体系表》。

21项标准的规定内容和适用性如下。

### 一、南水北调泵站工程水泵采购、监造、安装、验收指导意见(NSBD1—2005)

为保证南水北调泵站工程的水泵机组长期稳定、高效运行,在执行国家现行技术标准和有关规定的基础上,对水泵的采购、监造、安装、验收提出指导意见。

NSBD1—2005主要适用于南水北调东线泵站工程,针对东线泵站扬程低、流量大、年运行时间长、水质要求高的特点,提出保证水泵产品质量和性能水平的有关要求。南水北调其他泵站工程可参考使用。

## 二、南水北调中线一期北京西四环暗涵工程施工质量评定验收标准(试行)(NSBD2—2006)

为规范南水北调中线一期北京西四环暗涵工程施工质量评定验收工作,参照有关技术标准、规程规范,特制定 NSBD2—2006。

NSBD2—2006 适用于中线一期(北京段)西四环暗涵工程。

## 三、南水北调中线一期北京 PCCP 管道工程施工质量评定验收标准(试行)(NSBD3—2006)

为加强 PCCP 管道工程施工质量管理,统一质量检验及评定方法,使施工质量评定工作标准化、规范化,特制定 NSBD3—2006 标准。

NSBD3—2006 适用于南水北调中线一期北京 PCCP 管道工程施工质量评定验收工作。

## 四、南水北调中线一期穿黄工程输水隧洞施工技术规程(NSBD4—2006)

为加强穿黄工程输水隧洞施工技术管理,确保工程质量和施工安全,保证施工进度,统一施工技术要求和质量验收标准,减少环境影响,特制定 NSBD4—2006。

NSBD4—2006 适用于南水北调中线一期穿黄工程的圆形输水隧洞工程及相关工程的施工。

## 五、渠道混凝土衬砌机械化施工技术规程(NSBD5—2006)

为规范南水北调工程大型渠道混凝土衬砌机械化施工,保证渠道混凝土衬砌工程的质量,提高施工功效,特制定 NSBD5—2006。

NSBD5—2006 适用于南水北调工程采用机械化施工的渠道薄板素混凝土衬砌工程。水库大坝、河道堤防等薄板素混凝土护坡工程可参照执行。

## 六、南水北调中线一期丹江口水利枢纽混凝土坝加高工程施工技术规程(NSBD6—2006)

为控制丹江口大坝加高工程施工质量,结合大坝加高工程的实际情况,特制定 NSBD6—2006。

NSBD6—2006 适用于丹江口水利枢纽混凝土坝加高工程的施工,包括左、右岸连接坝段,厂房坝段,表孔溢流坝段,深孔坝段,升船机等建筑物的混凝土工程、基础工程、安全监测工程、金属结构一期埋件等项目的施工。工程建设所用成品材料和监测仪器设备应满足相关行业标准规定,并应满足设计文件要求。

## 七、南水北调中线一期工程渠道工程施工质量评定验收标准（试行）（NSBD7—2007）

为加强南水北调中线一期工程渠道工程建设管理,保证施工质量,确保施工质量评定工作的规范化、标准化,统一渠道工程施工质量评定标准,制定NSBD7—2007。

NSBD7—2007 适用于南水北调中线一期工程的明渠渠道土建工程(不含建筑物)的施工质量评定。渠道工程中不良地质段地基处理施工质量标准可执行国家、水利行业现行有关标准。

## 八、渠道混凝土衬砌机械化施工单元工程质量检验评定标准（NSBD8—2010）

为加强渠道混凝土衬砌机械化施工质量管理,规范施工过程中单元工程质量检验、评定工作,特制定 NSBD8—2010。

NSBD8—2010 适用于南水北调工程采用机械化施工的渠道素混凝土衬砌工程。水库大坝、河道堤防等薄板素混凝土护坡工程可参照执行。

## 九、南水北调工程验收安全评估导则（NSBD9—2007）

为保证南水北调工程验收工作质量,明确安全评估职责,使工程验收安全评估工作规范化、标准化,根据《中华人民共和国防洪法》《南水北调工程建设管理的若干意见》《南水北调工程验收管理规定》等法律法规,制定 NSBD9—2007。

NSBD9—2007 适用于南水北调东、中线一期主体工程建设验收的安全评估工作。安全评估的工程项目范围包括南水北调东、中线一期工程中的水库、干线泵站、重要的控制建筑物及交叉建筑物(含重要跨渠桥梁)、地质条件复杂和技术难度大的渠道工程,以及验收主持单位或项目法人要求评估的其他建筑物等。

### 十、南水北调工程验收工作导则(NSBD10—2007)

为使南水北调工程验收工作规范化、明确验收责任、保证验收工作质量,依据国家有关规定和《南水北调工程验收管理规定》,特制定 NSBD10—2007。

NSBD10—2007 适用于南水北调工程东、中线一期主体工程竣工验收前的验收活动。南水北调工程验收分为施工合同验收、设计单元工程完工(竣工)验收、单项(设计单元)工程通水验收、南水北调办和国家及行业规定的有关专项验收、南水北调工程竣工验收。

### 十一、南水北调工程外观质量评定标准(试行)(NSBD11—2008)

为加强南水北调工程施工质量管理,使外观质量评定工作标准化、规范化,依据南水北调工程建设有关规定、国家及行业技术标准制定 NSBD11—2008。

NSBD11—2008 适用于南水北调主体工程的单位工程外观质量评定,配套工程可参照执行。NSBD11—2008 未涉及但又确需进行外观质量评定项目的外观质量评定标准,在主体工程开工初期由项目管理单位组织监理、设计、施工单位共同制定,报上级部门审批,并报质量监督机构备案。

### 十二、南水北调中线一期天津干线箱涵工程施工质量评定验收标准(NSBD12—2009)

为加强南水北调中线一期天津干线箱涵工程建设质量管理,规范施工质量评定和验收工作,特制定 NSBD12—2009。

NSBD12—2009 适用于南水北调中线一期天津干线箱涵工程施工质量评定和验收,其他工程可参照执行。

### 十三、南水北调工程平原水库技术规程(NSBD13—2009)

为规范南水北调工程平原水库勘察、设计和施工,达到安全可靠、技术先进、经济合理的目的,特制定 NSBD13—2009。

NSBD13—2009 适用于南水北调工程大中型平原水库的勘察、设计与施工,小型平原水库可参照执行。平原水库勘察、设计和施工除应符合 NSBD13—2009 外,还应符合国家和行业及南水北调办现行有关标准的规定。

## 十四、南水北调中线汉江兴隆水利枢纽工程单元工程质量检验与评定标准(NSBD14—2010)

为加强南水北调中线工程汉江兴隆水利枢纽建设管理,规范施工质量检验与评定,制定 NSBD14—2010。

NSBD14—2010 适用于南水北调中线工程汉江兴隆水利枢纽主体工程土建部分的单元工程质量检验与评定。南水北调中线工程汉江兴隆水利枢纽主体工程土建部分的单元工程质量检验与评定,除应执行 NSBD14—2010 外,尚应执行国家、南水北调办、相关行业颁布的现行相关规程、规范、技术标准的规定。

## 十五、南水北调工程渠道运行管理规程(NSBD15—2012)

为规范南水北调工程渠道运行管理,保障工程安全、可靠、高效运行,充分发挥工程设计功能,特制定 NSBD15—2012。

NSBD15—2012 适用于南水北调工程渠道的运行管理活动。NSBD15—2012 为渠道运行管理单位规范渠道运行管理的行为标准,也可以作为对渠道运行管理工作的监督、考核和评价的参考依据。渠道运行管理活动除执行 NSBD15—2012 外,还应执行国家和行业现行有关标准、规范和规程的规定。

## 十六、南水北调泵站工程管理规程(试行)(NSBD16—2012)

为加强南水北调泵站工程管理,明确管理职责,规范管理行为,充分发挥工程效益,保证工程安全、经济运行,特制定 NSBD16—2012。

NSBD16—2012 适用于南水北调大中型泵站及安装有大中型主机组的泵站工程管理,其他泵站可参照执行。

## 十七、南水北调泵站工程自动化系统技术规程(NSBD17—2013)

为规范南水北调泵站工程自动化系统的设计、验收工作,提高泵站工程的自动化水平,有效地发挥工程效益,制定 NSBD17—2013。

NSBD17—2013 适用于南水北调泵站工程自动化系统的设计、验收工作。南水北调泵站工程自动化系统的设计、验收除应符合 NSBD17—2013 规定外,尚应符合国家现行有关标准的规定。

十八、南水北调工程基础信息代码编制规则（试行）（NSBD18—2015）

为加强南水北调工程信息化管理，促进南水北调工程信息资源共享利用，结合南水北调工程管理实际，制定 NSBD18—2015。

NSBD18—2015 适用于南水北调工程各类建设与运行管理数据的采集、存储、管理和应用。

十九、南水北调工程业务内网 IP 地址分配规则（试行）（NSBD19—2015）

为规范南水北调工程业务内网 IP 地址的分配和使用，促进南水北调工程信息的共享利用，遵循 IPv4 规定，制定 NSBD19—2015。

NSBD19—2015 适用于南水北调工程业务内网的设计、建设和运行管理。南水北调工程业务内网 IP 地址分配除应符合 NSBD19—2015 外，尚应符合国家有关规定。

二十、南水北调工程基础信息资源目录编制规则（试行）（NSBD20—2015）

为规范南水北调工程基础信息资源目录建设，促进工程信息资源共享利用，结合南水北调工程实际，制定 NSBD20—2015。

NSBD20—2015 适用于南水北调工程基础信息资源的分门分类、编目、目录汇编、管理及检索等。

二十一、南水北调东、中线一期工程运行安全监测技术要求（试行）（NSBD21—2015）

为规范南水北调工程东、中线一期工程的运行安全监测工作，保障工程运行安全，特制定 NSBD21—2015。

NSBD21—2015 适用于南水北调工程东、中线一期工程干线渠道及建筑物的巡视检查、环境量、变形、渗流、应力应变等监测。丹江口大坝加高工程参照相关规范执行，汉江中下游工程可参照 NSBD21—2015 执行。

# 第二节　团体标准编制

南水北调司积极开展团体标准申报编制工作,2019 年起积极谋划依托南水北调工程运行管理标准化成果,开展水利团体标准编制;2020 年开展了《大中型泵站工程规范运行管理标准》《渠道运行管理规程》两项团体标准编制;下一步计划围绕南水北调工程中水站、水质监测站等单位开展标准化创建,形成一套完整的南水北调运行管理技术标准体系。

## 一、《大中型泵站工程规范运行管理标准》

2019 年,由南水北调东线总公司作为标准编制的主要实施机构,联合了水利部产品质量标准研究所、南水北调中线干线工程建设管理局、江苏省江都水利工程管理处等单位的专家,组建了标准编制组,制定标准编制方案,启动该标准的编制工作。

2020 年 8 月,中国水利学会根据《中国水利学会标准管理办法》的相关规定,经过立项论证和公示后,以《关于批准〈大中型泵站工程规范运行管理标准〉等 10 项标准立项的通知》(水学〔2020〕94 号)批准该标准立项。

该标准在总结南水北调泵站运行管理经验的基础上,按照国家和行业泵站管理的要求开展编制工作,主要依据的标准为《南水北调东线泵站工程规范运行管理标准》(NSBDDX001—2018),同时结合《泵站设计规范》(GB 50265—2010)、《泵站技术管理规程》(GB/T 30948—2014)、《泵站安全鉴定规程》(SL 316—2015)、《泵站安装及验收规范》(SL 317—2004)、《泵站运行管理规程》(DB33/T 2248—2020)等标准的要求开展编制工作。

该标准共包括 11 章 4 个附录,11 章分别为 1 范围、2 规范性引用文件、3 术语和定义、4 调度运行、5 设备运行、6 工程检查与观测、7 维修养护、8 安全生产、9 环境保护、10 档案管理、11 职业健康,4 个附录分别是附录 A 工程控制运用要求和设备参数、附录 B 泵站机电设备和水工建筑物等级评定标准、附录 C 工程维修养护管理卡和电气设备定期试验项目及周期、附录 D 设备安全运行规定。

## 二、《渠道运行管理规程》

当前我国大量长距离大型引调水渠道工程正在运行中,如南水北调中线、南水北调东线、引滦入津、引滦入唐、引黄入晋、引大入秦等工程,且南水北调西线工程等一批输水工程正在规划中,输水渠道在保障国家灌溉用水等方面发挥了重要作用,随着我国现代化进程不断加快,这些工程相应地需要完善。然而目前运行管理相关的标准缺乏,迫切需要开展相关标准编制工作,为提高各工程运行管理效率、保障工程安全提供技术指导和支撑。

2020年,由南水北调中线干线工程建设管理局作为标准编制的主要实施机构,联合了水利部产品质量标准研究所、南水北调东线总公司等单位的专家,组建了标准编制组,制定标准编制方案,启动该标准编制工作。

2020年11月,中国水利学会根据《中国水利学会标准管理办法》的相关规定,组织召开立项审查会,审查通过该标准立项,会议认为大型输水渠道工程养护管理技术已在南水北调工程中广泛应用,取得良好效果。为进一步规范大型输水渠道的工程检查、监测、养护等管理工作,促进相关技术的推广,提高工程养护管理水平,填补现有标准在该领域的空白,编制该标准是十分必要的。

本标准规定了长距离大型引调水渠道工程运行管理的工程检查、监测、养护、档案管理等共7章,内容分别为1范围、2规范性引用文件、3术语和定义、4工程检查、5工程监测、6工程养护、7档案管理。

本标准适用于我国长距离大型引调水渠道工程的运行管理,其他渠道工程可参考使用。

# 第三节　标准化创建提升

2019年,东线总公司和中线建管局标准化创建进入了新的全面发展阶段。

## 一、东线工程运行管理标准化建设

为持续有效推进东线工程运行管理标准化规范化建设,东线总公司深入贯彻全国水利工作会议精神和水利改革发展总基调,在前期标准化工作的基础上,结合实际情况,提出新时期一系列标准化建设目标,将持续推进东线一期工程运行管理标准化建设,制定泵站工程运行管理标准化表单,积极开展水利工程标准化管理试点示范工作,加快创建南水北调东线运行管理样板和品牌。具体工作结合江苏水源公司"工程标准化10 S建设"和山东干线公司"制度规范建设年"等相关安排,重点以东线泵站工程运行管理标准化建设评价标准为依据,组织开展泵站工程现场指导评价;江苏段工程基本完成新建泵站工程运行管理标准化建设,开展河道工程运行管理标准化试点建设;山东段工程完成渠道、平原水库运行管理标准化试点项目建设,持续推进标识标牌规范化建设;通过深入细化现行标准内容,编制泵站工程标准化运行管理表单,并根据试点情况修订泵站工程运行管理标准,促进现场管理单位在具体操作层面实现统一化、规范化和标准化。

**(一)标准编制推广**

2019年对标准化体系进行全面推广,在东线4类工程中各选典型试点先行贯标,如赴山东台儿庄、江苏泗洪开展泵站运行管理标准先行贯标工作;赴山东双王城水库、平阴管理处,开展平原水库、河道(渠道)工程的先行贯标工作;赴江苏大沙河管理处开展水闸工程的先行贯标工作。

通过培训对泵站、水闸、河道(渠道)、平原水库4个标准进行了全线宣贯,并以"工作标准+管理标准+技术标准"为核心架构,梳理形成了运行管理标准化评价标准,作为标准化建设的有力抓手。

同时根据标准化发展需要,结合泵站标准清单内容,制定完成检查内容和考核标准,形成"南水北调东线泵站、水闸、河道(渠道)、平原水库等工程运行管理标准化评价标准"(见表5-1),通过征求两省(江苏省和山东省)意见、专家咨询等进行修改完善后正式发布。

表5-1　四项评价标准清单

| 序号 | 标准名称 | 发布时间 |
|---|---|---|
| 1 | 南水北调东线泵站工程运行管理标准化评价标准(试行) | 2019年9月 |
| 2 | 南水北调东线水闸工程运行管理标准化评价标准 | 2019年9月 |
| 3 | 南水北调东线河道(渠道)工程运行管理标准化评价标准 | 2019年9月 |
| 4 | 南水北调东线平原水库工程运行管理标准化评价标准 | 2019年9月 |

**(二)标准化试点建设**

2019年度,山东干线公司以长沟泵站、双王城水库、济平干渠(平阴管理处)为标准化试点,以运行管理、标识标牌为重点,全力打造各类工程的标准化建设标杆;江苏水源公司以"工程标准化10S建设"为基础,全线推行运行管理规范化标准化。同时,分别在扬州分公司、淮安分公司、宿迁分公司、徐州分公司各选1~2个泵站试点(金湖站、淮安四站、刘老涧二站、皂河二站、邳州站),逐步完成永久性标识建设。

**(三)运行管理标准化培训**

2019年9月3~5日,南水北调东线总公司在山东台儿庄举办了南水北调东线工程运行管理标准化培训。公司副总工程师、山东干线公司常务副总经理、江苏水源公司工程管理部副主任参加会议并交流发言。

　　培训采用"专家授课、互动交流、现场观摩"的模式(见图 5-1、图 5-2),重点对"南水北调东线泵站、河道(渠道)、水闸及平原水库工程规范运行管理标准(试行)"体系要求进行培训宣贯。分别邀请标准编制单位的 4 位专家,对现场运行管理单位在机构设置、行政事务、档案管理、调度运行、工程检查、工程监测、维修养护、安全生产等方面工作标准化要求进行详细解读,并就具体条款内容及运行管理相关问题与培训人员现场交流。此外,结合年度运行管理标准推广试行工作,现场观摩学习试点单位台儿庄泵站,为各单位学员提供参考借鉴,促进大家取长补短、开拓思路,更好地开展本单位运行管理标准化建设工作。

图 5-1　专家授课

图 5-2　现场观摩

　　培训期间,各位学员就如何推进做好南水北调东线工程运行管理标准化工作集思广益,展开了热烈讨论,提出了许多宝贵意见和建议。经过培训,学员对运行管理标准化工作有了更深入、更全面的认识,对各项具体工作规范要求有了更清晰、更明确的掌握,为推动工程运行管理工作水平的提升奠定基础。

东线总公司及直属分公司、江苏水源公司、山东干线公司工程运行管理人员参加了此次培训。

## 二、中线工程运行管理标准化建设

### (一)标准化规范化强推建设

2019 年起,中线建管局启动标准化规范化强推工作。2019 年 10 月 10 日印发《关于印发〈中线建管局标准化规范化建设强推工作方案〉的通知》(中线局总工办〔2019〕25),开展标准化规范化强推工作,根据标准化规范化建设强推工作方案,至 2020 年底初步构建职责、流程、标准、风控、考核"五位一体"的企业标准化管理体系,并通过信息化平台予以支撑,基本实现中线建管局全项业务的标准化规范化管理。

### (二)持续完善运行管理制度标准体系

组织局属相关部门通过梳理现场设备设施、管理事项和工作岗位,制订了制度标准制修订计划,2019 年度完成 100 项制度标准的制修订工作,截至 2019 年底,累计制修订运行管理制度标准 204 项,涵盖了南水北调中线工程管理的各个领域,包括财务、人力资源、档案、调度、工程维护、信息化、水质管理、标准化管理等。基本实现了三级管理机构的设备设施、管理事项和工作岗位的全覆盖。

为进一步提高运行管理制度标准的质量,按照正式出版发行要求对制度标准进行再次修订并印刷出版,包括对内容的合法性、准确性、可操作性等进行核查、校对、修订,消除表述错误、交叉矛盾、内容深度不一、"不接地气"等问题。2020 年 6 月,经多次编辑整理,《南水北调中线干线工程运行管理标准》系列丛书(第一版)正式出版,形成一系列完善的标准体系,标志着各项规章制度基本成熟,进入了全面推广应用阶段。

该丛书共包括南水北调中线干线工程运行管理标准 4 个部分:技术标准(Q/NSBDZX 1)、管理标准(Q/NSBDZX 2)、岗位标准(Q/NSBDZX 3)和规章制度(Q/NSBDZX 4)。

1. 技术标准(Q/NSBDZX 1)

技术标准是针对南水北调中线干线工程现场设备设施有关技术要求或需要协调统一的技术事项所制定的标准。技术标准共 4 个分册:

(1)第一分册包含 8 项标准,涵盖了标准化管理、档案管理和计划合同管理专业。其主要内容是对南水北调中线干线工程运行管理标准体系架构、制度标准体例格式、编写规范等内容做出了规定;对工程档案、文书档案、会计档案的整理及保管等提出了技术要求;明确了土建、绿化工程维修养护日常项目预算定额标准和工程量清单有关内容。

(2)第二分册包含25项标准,涵盖了输水调度、安全监测、工程巡查、土建绿化维护、应急与防汛、安全保卫、水质与环境保护专业。其主要内容是对南水北调中线干线工程输水调度管理、输水调度生产环境、安全监测及工程巡查要求、土建绿化相关设施运行维护、防洪信息管理系统维护、应急抢险物资及安保装备管理、安保设施维护、水环境监控及水质保护设备物资管理、水质自动监测站环境建设标准等做出了规定。

(3)第三分册含21项标准,主要涉及金结机电、供配电和消防专业。其主要内容是对南水北调中线干线工程现场的金属结构、机电设备、供配电系统、消防设施设备的操作和运行维护,闸泵站、保水堰、分流井等实体生产环境建设,以及其他工程穿越跨越邻接中线35 kV线路有关技术要求等做出了规定。

(4)第四分册包含18项标准,涵盖通信系统、网络、自动化系统专业。其主要内容是对中线干线工程相关的通信、网络、自动化各类系统,机房实体环境、空调系统,通信管道光缆及服务器、数据库、中间件软件等软硬件的运行维护有关技术要求做出了规定。

2. 管理标准(Q/NSBDZX 2)

管理标准是针对南水北调中线干线工程运行管理需要协调统一的管理事项所制定的标准。管理标准共2个分册:

(1)第一分册包含13项标准,涵盖了标准化管理、档案管理、输水调度、安全监测、工程巡查、土建绿化工程维护专业。其主要内容是对规章制度管理、业务流程管理、流程图绘制、档案管理、各级机构的输水调度管理、安全监测管理、工程巡查管理、土建工程维修养护项目质量评定等管理事项提出了规范性要求。

(2)第二分册包含19项标准,涵盖了自动化、机电、供配电、水质与环境保护、安全生产、安全保卫专业。其主要内容是对自动化调度系统、机电设备、供电系统的运行维护管理,水质监测、水质实验室及自动监测站的运行维护管理、污染源管理、环境保护,安全生产责任制、安全风险分级管控、安全生产检查与培训管理,出入工程管理、警务室管理及安全保卫管理等有关管理事项提出了规范性要求。

3. 岗位标准( Q/NSBDZX 3)

岗位标准是指针对南水北调中线干线工程现地管理处有关岗位制定的标准。岗位标准是落实技术标准、管理标准和其他制度办法的重要抓手。现地管理处 36 个岗位的岗位标准,涉及综合行政、法律事务、计划合同、财务资产、档案管理、安全监测、输水调度、工程巡查、土建绿化维护、防汛应急、水质保护、安全生产、网络自动化、金结机电、供配电、安全保卫等专业。其内容主要是从各个岗位的职责与权限、岗位任职资格、工作内容与要求、检查与考核、报告与记录等方面进行了规定。

4. 规章制度( Q/NSBDZX 4)

规章制度是针对南水北调中线干线工程运行管理需要协调统一的管理事项所制定的办法、规定、预案等,是现阶段与管理标准共存的一种形式。规章制度共 2 个分册:

(1)第一分册包含 33 项办法、规定,涵盖了综合行政、法律事务、计划合同、财务资产、人力资源、科研技术、安全监测、输水调度、水质与环境保护、工程巡查、土建绿化维护、应急与防汛、安全生产、安全保卫专业。其主要内容是对公文、印章、保密、督办等综合行政事务,法律事务,计划、统计、合同管理及采购,干部任用、职位、绩效、考勤休假等人力资源管理,科技创新、成果应用,安全监测管理,中控室及水质自动监测站创优争先、防汛值班、工巡人员及土建维护项目管理,运行安全及警务室管理,运行管理责任追究、问题查改及安全运行津贴发放等管理事项做出了规定。

(2)第二分册包含 18 项办法、规定、预案。其主要内容包括了突发事件应急管理办法、信息报告规定、应急调度预案、水体藻类影响防控方案,以及综合、安全事故、防汛、穿越工程突发事件、火灾事故、交通事故、冰冻灾害、群体性事件、恐怖事件、地震灾害、涉外突发事件、水污染事件、突发社会舆情、网络安全事件等应急预案。

**(三)建立运行管理业务流程体系**

从 3 个方面开展运行管理业务流程体系建设。一是组织开展了局机关、分局和管理处三个层级一体化的运行管理业务名录梳理工作,截至 2019 年底,完成局机关层面业务名录梳理;二是进一步规范了业务流程的制定、绘制、印发、修订等相关工作,于 2019 年 8 月印发运行管理业务流程绘制规范和管理标准;三是根据业务名录末级业务,2019 年完成新增关键业务流程 44 项和完善已有关键业务流程 30 项绘制工作,同时根据一体化业务名录的末级业务,制订2020年的业务流程图绘制计划。

### (四)推广工程实体达标建设

在总结2018年试点成果基础上,不断完善闸站、水质自动监测站和中控室标准化建设标准,并在全线推广。截至2019年底,建设完成标准化闸站296座,标准化水质自动监测站12座,标准化中控室44个,并依据《闸(泵)站生产环境标准化建设技术标准(修订)》(Q/NSBDZX 103.15—2019)和《南水北调中线干线工程标准闸(泵)站生产环境达标验收办法》、《水质自动监测站标准化建设达标及创优争先管理办法》(Q/NSBDZX 402.01—2019)等标准,组织开展检查和考评,并对达标的工程授予"达标授牌"(见图5-3)。

**图5-3　对达标工程授予"达标援牌"发布的文件**

2019年底,选择河南分局宝丰管理处、安阳管理处,河北分局石家庄管理处作为标准化渠道建设试点,印发试点建设标准,启动标准化渠道建设。

### (五)完成智慧中线顶层设计

通过开展南水北调智慧中线顶层设计,全面梳理了中线建管局各业务板块的现状和信息化现状,诊断目前信息化建设过程中存在的问题和差距,研究合理的改进措施,统筹规划了中线建管局的智慧化发展战略,提出了智慧中线的战略定位、愿景目标,规划设计了智慧中线实施路线规划图。

在充分调研中线现状和需求的基础上,先后组织编制完成了《智慧中线调研总结报告》《智慧中线顶层设计蓝图规划报告》《智慧中线顶层设计蓝图设计报告》《智慧中线顶层设计实施路线报告》。基于前期现状诊断、总体架构、蓝图设计以及同步开展的实施路线规划设计工作成果,编制完成了《南水北调智慧中线顶层设计规划报告》,明确了中线局未来的信息化建设方向。

# 第四节　标准化建设以来取得的成效

## 一、东线标准化成效

### (一)统筹规划,打造了全线运行管理标准化建设局面

从起初的"六大标准",到现在的"四类工程",东线工程运行管理标准化建设工作越来越贴近现场需求,符合东线实际。在水利部的领导下,东线总公司高度重视,组建标准化工作队伍,以顶层设计为指导,从总到分,由粗到细,从东线整体层面统一筹划,承担标准化工作主体功能,把握全局建设大方向;江苏水源公司、山东干线公司加强协作,积极谋划,认真建设,组织执行;现场各工程管理单位认真研究,制订方案,积极落实,开展建设。

### (二)提炼抓手,构建了标准化建设成果评价机制

工程运行管理标准化规范化是一个系统、复杂的管理工程,涉及多个专业领域。前期印发的泵站、水闸、河道(渠道)、平原水库"四大标准",内容翔实全面,包含运行管理涉及的各方面专业内容,因而需要在现场推进执行时,进一步完善。2019 年,东线总公司结合各类工程现场实际运行管理情况,以实用为根本、促建为目的,在前期"四大标准"的基础上,提炼形成了标准化建设评价标准,从规章制度、调度运行、工程检查、工程监测、工程评级、维修养护、安全生产、环境保护、职业健康等方面形成评价打分清单,便于现场管理单位落实标准化建设工作。

### (三)规范标识,提升了东线整体形象

统一规范的标识标牌,美观整洁的现场环境充分彰显了东线风采,弘扬了东线文化,是有效打造南水北调东线工程运行管理标准化、树立品牌形象的直接手段。以 2018 年印发的《南水北调东线一期工程永久性标识系统设计方案》和《南水北调东线企业视觉识别系统设计方案》为依据,建议苏鲁两省分步改造工程外观形象、统一标识规范。2018 年,江苏水源公司在前期 4 个直管泵站建设的基础上,分步实施,重点完成了金湖站、淮安四站、刘老涧二站、皂河二站、邳州站 5 个委托站的标识标牌改造建设,实现了江苏境内 9 个泵站的初步统一;山东干线公司结合山东沿线工程现场实际,试点先行,将长沟泵站全力打造为标识标牌标准化建设试点,在永久标识的基础上进行了深化设计,实际效果更为美观,现场环境焕然一新,管理窗口形象得到了大幅度提升。

**(四)分门别类,打造了东线各类工程试点标杆**

东线工程类型多样、管理水平参差不齐,标准化建设工作从前期的初步规划,到后期的试点先行,在摸索中不断前进。2019年东线标准化建设工作分门别类,在泵站、水闸、河道(渠道)、平原水库四类典型东线工程中分别选取标准化建设试点,以现场贯标、培训交流、督促建设、指导评价等方式,协同江苏水源公司、山东干线公司,全力打造四类工程标准化试点标杆。其中,泵站工程,江苏、山东分别选择泗洪泵站、长沟泵站;水闸工程,选择省际大河闸管理处;河道(渠道),选择平阴渠道管理处;平原水库,选择双王城水库。各试点单位结合自身工程特点,有针对性地制订标准化建设实施方案,细化分工、落实责任、稳步开展。经年底评价,在工作标准、管理标准方面,整体资料完善;运行、检查、维护等工程规范操作满足技术标准要求;在安全、环境、健康方面得到高度重视。通过各类工程试点建设,树立典型工程标杆,以点带面促进全线工程规范化管理,确保东线工程长期安全平稳运行。

**(五)提高意识,增强了东线管理人员业务素质**

标准的建立是一个不断完善的过程,现场标准化建设也是一项持续推进的工作,成熟的标准运用和高素质的管理人员相辅相成。目前,东线较多管理人员都经历了从建设期到运行管理期的身份转变,随着工程常态化运行,提高工程管理能力,统一运行规范,是每一位现场管理人员的诉求。通过开展标准化建设工作,现场人员根据岗位管理需求,读细则、明要求,逐条逐句学习标准,不仅管理目标明确了、管理行为规范了,技术能力也巩固了,标准化规范管理意识更是提高了,对于提升工作效率、保障工程运行安全也起到了切实的促进作用。

## 二、中线标准化成效

进入2019年后,中线建管局持续推进标准化规范化工作,启动强推工作,重点围绕工程运行管理直接相关专业开展了制度标准体系等建设,并通过工程巡查实时监管系统等信息平台推动相关成果的落地实施,结合闸站、中控室、水质自动监测站标准化达标建设等实践活动,基本实现了运行管理的标准化规范管理。同时,按照中线建管局工作部署,从2019年开始,标准化规范化建设由运行管理专业逐步扩展到全局各项业务,由试点性、专业性向全局性、普遍性转变。主要成效总结如下。

**(一)顶层设计发挥指导性作用**

通过开展运行管理规范化建设顶层设计,在总体规划中明确了中线建管局近 3 年规范化建设目标及实施路径,对中线工程中短期规范化建设具有重要的指导意义和借鉴意义。

### (二)实现了现地管理处标准的全覆盖

通过开展 100 项制度标准制修订工作,进一步完善了运行管理制度标准体系,基本实现了制度标准在现地管理处设施设备、管理事项、工作岗位上的全覆盖,运行管理各项工作有据可依,为中线工程平稳、高效运行奠定了坚实基础。

### (三)运行管理业务流程体系基本形成

通过开展业务名录梳理和关键流程图绘制,基本厘清了中线工程运行管理的主要业务内容和工作依据,同时将关键业务开展以流程图的形式予以展现,进一步明晰了工作流程和岗位职责,进一步规范了中线运行管理各项工作,为中线运行管理工作有序高效开展提供了可靠路径。

### (四)组织开展了工程实体标准化达标创建活动

296 座闸站、12 座水质自动监测站和 44 个中控室是中线工程核心设施设备的集结中心,通过组织开展标准化建设,进一步改善了工作环境,提升了硬件设备支撑,规范了员工作业行为,为中线输水的平稳运行提供了保障。同时,标准化渠道建设试点的有序推进为后续全线渠道标准化建设奠定了坚实基础。

### (五)信息化助力标准化管理

通过南水北调中线干线工程巡查实时监管系统 APP 的推广应用,实现了在巡查过程中对工作人员提供实时指导,全面提高了问题查改工作质量与工作效率,同时大大提高了问题数据统计的准确性,为领导科学决策提供有力支撑。

# 第六章 标准化创建单位案例介绍

## 第一节 中线工程渠首分局标准化建设

中线工程渠首分局按照南水北调办、中线建管局等标准化建设要求,在不断总结标准化建设的基础上,不断完善运行管理标准化建设,并取得了一系列成果。

为保证渠首分局工程运行安全管理标准化建设工作顺利开展,加强相关工作的组织领导,调整了渠首分局工程运行安全管理标准化建设试点工作组,全面负责标准化建设试点工作。由渠首分局总工担任组长,方城管理处和镇平管理处领导担任副组长,分局各处(中心)负责人和方城、镇平管理处主任工程师、各科室负责人为组员。同时,编制了工作组、分局机关各处(中心)、方城管理处、镇平管理处等的工作职责。

### 一、基本概况

南水北调中线渠首分局全面负责陶岔管理处至方城管理处辖区内运行管理工作,保证工程安全、运行安全、水质安全和人身安全。渠首分局内设7个处室,分别为综合管理处、计划经营处、财务资产处、分调中心、工程管理处(防汛与应急办)、信息机电处、水质监测中心(水质实验室)。下设陶岔、邓州、镇平、南阳和方城5个现地管理处。

渠首分局辖区工程,起点桩号 0+300,终点桩号 185+545,全长 185.245 km,其中渠道长 176.418 km、建筑物长 8.827 km。渠首分局辖区工程途径邓州市和南阳市的宛城区、卧龙区、一体化示范区、高新技术开发区、淅川县、镇平县、方城县共八县(市)区。

膨胀土渠段总长 149.476 km,占渠段总长约 85%,其中弱膨胀土渠段长 56.729 km、中强膨胀土渠段长 92.747 km。全挖方渠段长 58.411 km,最大挖深 47.5 m,均属于膨胀土段。高填方渠段长 18.063 km,最大填高 17.5 m。

沿线布置各类渠系建筑物 119 座,其中河渠交叉建筑物 27 座(包括输水渡槽 7 座、渠道倒虹吸 11 座、排洪涵洞 2 座、排洪渡槽 1 座、河道倒虹吸 6

座),左岸排水建筑物 72 座(包括渡槽 4 座、倒虹吸 61 座、涵洞 7 座),渠渠交叉建筑物 18 座(包括渡槽 6 座、倒虹吸 12 座),2 座铁路涵洞。

渠首分局辖区各类闸站 36 座,其中节制闸 10 座(包括陶岔引水闸)、控制闸 7 座、渡槽检修闸 2 座、分水闸 10 座、退水闸 7 座。

信息机电系统主要分为三大专业八大系统。三大专业:金结机电、供配电、自动化;八大系统:金结机电系统、供配电系统、闸控系统、视频监控系统、工程防洪系统、消防联网系统、安全监控系统、安防系统等。设备、设施包括各类闸门 155 扇、各类启闭机 148 台(套)、电气设备 354 台(套)、输电线路 188 km、各类自动化机柜 418 个、主干光缆 405 km。

## 二、标准化试点管理处

渠首分局共开展标准化试点 2 处:2016 年试点方城管理处,2017 年新增镇平管理处。

### (一)方城管理处

方城管理处所辖总干渠长度 60.794 km,基本为膨胀土换填渠段,中强膨胀土换填渠段 22.354 km。其中,全挖方渠段 19.096 km,全填方渠段 2.736 km,半挖半填渠段 36.993 km。

方城管理处辖区内共布置各类建筑物 107 座,其中 3 座节制闸、4 座控制闸、2 座退水闸、3 座分水口门、1 座 35 kV 中心开关站、58 座跨渠桥梁、36 座左岸排水建筑物。

方城管理处共分 4 个职能科室:调度科、工程科、合同财务科、综合科。根据业务分工,共有处长、主任工程师、兼职安全员、工程科科长、调度科科长、综合科科长、安全生产管理、安全保卫管理、防汛与应急管理、工程巡查管理、水质保护管理、工程维护管理、安全监测管理、中控室值班长、中控室值班员、闸站值守管理、金结机电管理、信息自动化管理、消防设施管理、供电系统管理、人力资源管理、宣传管理、行政后勤管理等 23 个安全职责相关岗位。

### (二)镇平管理处

镇平管理处所辖总干渠长度 35.825 km,起点位于邓州市与镇平县交界桩号 K52+100 处,终点位于镇平县与卧龙区交界桩号 K87+925 处,渠线总体由西向东穿越镇平县境,全部为膨胀土换填渠段,其中全挖方渠段 5.894 km、高填方渠段(填高大于或等于 6 m)0.353 km,半挖半填渠段 29.578 km。镇平县为河南省和南阳市反恐重点县,反恐及安全管理形势较为严峻,因此选择镇平管理处为渠首分局 2017 年新增试点管理处。

镇平管理处辖区内共布置各类建筑物 63 座,其中 2 座输水倒虹吸、3 座河渠交叉建筑物、18 座左岸排水建筑物、1 座引水渡槽、38 座跨渠桥梁、1 座分水口门。

镇平管理处共分 4 个职能科室:调度科、工程科、合同财务科、综合科。根据业务分工,共有处长、主任工程师、兼职安全员、工程科科长、调度科科长、综合科科长、安全生产管理、安全保卫管理、防汛与应急管理、工程巡查管理、水质保护管理、工程维护管理、安全监测管理、中控室值班长、中控室值班员、闸站值守管理、金结机电管理、信息自动化管理等 31 个工作岗位。

## 三、运行安全管理标准化建设内容

### (一)完善运行安全管理体系

#### 1. 工程运行安全管理体系

渠首分局工程运行安全管理体系组织机构由分局机关处(中心)和各管理处组成,并在分局安全生产委员会的领导下开展工程运行安全管理相关工作。根据实际情况,及时对安全生产委员会成员进行调整。其中,分局机关处(中心)包含分调中心、工程管理处(防汛与应急办)、信息机电处和水质监测中心(水质实验室)。明确了分局局长、总工程师、副局长、分局机关各处(中心)、各管理处负责人和各处(中心)、各管理处的安全管理职责。

分局机关各处中心按照专业分工,督促各管理处严格按照中线建管局制定的 24 项制度办法、23 项标准规程、21 项操作手册与作业指导开展工程运行管理工作。每季度对各管理处开展 1 次运行安全管理工作考核。

#### 2. 工程防洪度汛安全管理体系

渠首分局防洪度汛安全管理体系由分局和各管理处组成,成立渠首分局防汛指挥部(安全度汛领导小组),分局局长担任指挥长,实行领导带班和分片督导责任制;各管理处成立了安全度汛工作小组。进一步明确了防汛体系机构组成及职责分工,做到责任到人。

渠首分局及各运行管理处每年制订度汛方案和应急预案,并针对每个 Ⅰ级、Ⅱ级风险项目制定专项应急处置方案及应急抢险线路图。防汛"两案"通过地方防办审批,并报河南省防办、河南省南水北调办备案。实施过程中,根据各级防汛检查、南水北调工程建设监管中心防汛应急管理专项稽查及复查等意见,结合防汛演练及工程实际,不断修订完善防汛"两案"。

#### 3. 工程安防管理体系

渠首分局工程安防管理体系组织机构由综合管理处、分调中心、工程管理处、信息机电处、各管理处组成,在渠首分局安全生产委员会领导下开展工程安防管理相关工作。南水北调中线保安公司安保一处承担渠首分局辖区内安保工作,各管理处与地方共建了淅川—邓州段、镇平段、南阳段和方城段警务室。

### 4. 工程突发事件应急管理体系

渠首分局成立了渠首分局应急管理领导小组,局长为主任,局总工、副局长为副主任,分局机关各处(中心)和现地管理处负责人为成员,领导小组下设办公室,办公室设在工程管理处(防汛及应急办),明确了各级应急管理机构、领导及成员岗位职责。渠首分局应急管理机构负责辖区内突发事件的应急管理,执行中线建管局应急管理决定,5个现地管理处均成立以处长为组长的工程突发事件应急小组,负责辖区内突发事件的信息报送和先期处置,具体实施现场处置,服从中线建管局及渠首分局应急指挥,配合上级做好应急处理工作。

同时,渠首分局成立了11个专业应急指挥部,突发性群体事件应急指挥部、重大交通事故应急指挥部、防恐怖袭击应急指挥部、涉外突发事件应急指挥部,办公室设在综合管理处;通水工程安全事故应急指挥部、重大洪涝灾害应急指挥部、穿越工程突发事件应急指挥部、防洪度汛应急指挥部,办公室设在工程管理处(防汛与应急办);火灾事故应急指挥部,办公室设在信息机电处;水质污染突发事件应急指挥部,办公室设在水质检测中心(水质实验室);突发事件应急调度指挥部,办公室设在分调中心。

渠首分局印发了《南水北调中线渠首分局突发事件综合应急预案》《穿越工程突发事件应急预案》《重大洪涝灾害应急预案》《通水运行工程安全事故应急预案》《水污染事件应急预案》《水污染事件应急监测预案》《水体藻类防控预案》《机关职工食堂食品安全事故应急预案》《火灾事故应急预案》《重大交通事故应急预案》《防恐怖袭击应急预案》《涉外突发事件应急预案》《突发群体性事件应急预案》《突发事件应急调度预案》等14个预案。各管理处编制了工程突发事件应急处置方案。此外,分局及各管理处每年编制年度防汛应急预案。

### 5. 责任监督检查体系

渠首分局责任监督检查体系组织机构由分局机关各处(中心)和管理处组成。其中分局机关处(中心)包含分调中心、工程管理处(防汛与应急办)、信息机电处和水质监测中心(水质实验室),主要负责分局辖区相应的专业监督检查。

根据实际情况,不断对分局运行管理考核办法进行修订,并定期组织对各管理处进行考核。

6. 运行安全目标管理体系

渠首分局运行安全目标管理体系组织机构由分局机关各处(中心)和管理处组成,在渠首分局安全生产委员会领导下开展运行安全目标管理相关工作。其中分局机关各处(中心)包含综合管理处、分调中心、工程管理处(防汛与应急办)、信息机电处和水质监测中心(水质实验室)。

暂定渠首分局近期运行安全目标为:杜绝重大以上事故发生,保证工程安全平稳运行,水质稳定达标,力争实现责任事故死亡率"零"目标;远期运行安全目标为:杜绝较大以上事故发生,保证工程安全平稳运行,水质稳定达标,实现责任事故死亡率"零"目标。

暂定管理处近期运行安全目标为:杜绝较大以上事故发生,保证设备设施安全运行,减少较重以上运行管理违规行为发生,力争实现责任事故死亡率"零"目标;远期运行安全目标为:避免责任事故发生,确保设备设施安全运行,杜绝严重运行管理违规行为发生,实现责任事故死亡率"零"目标。

7. 运行安全问题治理体系

渠首分局运行安全问题治理体系组织机构由分局机关各处(中心)和管理处组成。其中,分局机关各处(中心)包含分调中心、工程管理处(防汛与应急办)、信息机电处和水质监测中心(水质实验室)。

渠首分局严格落实中线建管局问题查改工作相关规定,对各级单位检查发现问题均分类建立台账,明确整改时限,逐项督促落实整改,分局负责人分片督导,切实做到具备整改条件的问题立即组织整改,暂不具备整改条件的问题持续跟踪。分局、机关各处(中心)和管理处均设置专人负责问题台账汇总分析,每月按时逐级上报。

8. 运行安全文化管理体系

渠首分局运行安全文化管理体系组织机构由分局机关各处(中心)和管理处组成,在渠首分局安全生产委员会领导下开展运行安全目标管理的相关工作,认真贯彻中线建管局"树安全之观,立文化之念;保滴水之安,护清渠之全"的安全文化理念。其中,分局机关各处(中心)包含综合管理处、分调中心、工程管理处(防汛与应急办)、信息机电处和水质监测中心(水质实验室)。

**(二) 细化运行安全管理行为清单**

1. 安全岗位责任清单

梳理了分局局长、总工程师、副局长、分局机关各处(中心)及负责人、各管理处及负责人、各运行管理岗位的职责,全面落实安全责任。

2. 全线设备设施运行缺陷清单

组织各管理处结合中线建管局的全线设备设施运行缺陷清单与工程现场实际情况,认真梳理设备设施运行缺陷清单,删减掉融冰设备、强排泵站等项目,增加台车、波形护栏、防撞墩、防护栏杆和救生设施等项目。

3. 工程运行和水量调度安全问题清单

组织各管理处结合中线建管局的工程运行和水量调度安全问题清单与工程现场实际情况,认真梳理工程运行和水量调度安全问题清单,删减掉穿黄隧洞、PCCP 管、天津暗涵、冬季输水等项目。

4. 突发事件应急管理行为清单

梳理了应急调度突发事件、工程安全事故、水污染事件、洪涝灾害、金结机电设备及自动化调度系统重大故障、交通事故、穿(跨)越工程突发事件、火灾事故 8 个专业的应急管理行为清单。进一步明确、细化了分局和管理处在突发事件发生后的处置流程、上报流程、逐级报送的部门和联系人等。

**(三)开展运行安全管理体系、清单培训**

渠首分局多次组织人员参加《运行安全管理标准化建设》《运行安全管理标准化建设体系清单》等工作宣贯培训工作。分局组织机关各处(中心)、各管理处均参加了会议,认真学习运行安全管理体系和清单,并按照新版建设体系清单新建、及时修订分局及各管理处的八大体系和四项清单。

**(四)狠抓运行安全管理体系、清单落实**

1. 工程运行安全管理体系

在渠首分局安全生产委员会领导下,分局机关各处(中心)、各管理处依据工作职责分工,严格贯彻落实南水北调办、中线建管局安全管理有关的各项管理制度、办法、标准、操作手册及作业指导书,认真开展输水调度、信息机电自动化、工程维护、水质保护、安全监测、工程巡查、安全保卫等各项运行管理工作。分局安全生产委员会每季度召开一次会议,总结分析前一阶段运行安全管理情况,研究会商前一阶段各级单位检查发现的问题,对下一阶段运行安全管理工作进行安排部署,并明确责任单位、责任人和工作时间节点。分局领导分片督导,机关各处(中心)依据责任分工逐项督促落实。

各管理处均成立了安全生产工作小组,每月召开 1 次安全例会,每周召开 1 次周例会,认真贯彻执行各级单位制定的制度办法等。

2. 工程防洪度汛安全管理体系

渠首分局成立了防汛指挥部(安全度汛领导小组),实行领导带班和分片督导责任制。各管理处成立了安全度汛工作小组,进一步明确了防汛体系机构组成及职责分工,做到责任到人。

渠首分局及各管理处制订度汛方案和应急预案,并针对每个Ⅰ级、Ⅱ级风险项目制订专项应急处置方案及应急抢险线路图。防汛"两案"通过地方防办审批,并报河南省防办、河南省南水北调办备案。共组建4类抢险队伍,分别为1支应急保障队伍、4支应急抢险队伍、1支驻地联络部队和1支社会救援队伍。汛前,盘点防汛物资设备,并结合前一年防汛情况、防汛风险特点等,对防汛物资、设备进行了补充。组织管理处、各抢险队伍开展膨胀土深挖方高边坡垮塌、输水建筑物裹头冲刷、左排出口不畅壅水、强降雨造成外水漫堤入渠等防汛应急抢险演练。

3. 工程安防管理体系

在渠首分局安全生产委员会领导下,分局机关各处(中心)、各管理处组织中线保安公司、各警务室、安防系统维护、物业等单位,完善办公园区消防系统,警务室、安保人员开展定期巡逻,严格执行出入工程管理范围管理规定、闸站准入管理规定等。

渠首分局与南阳市、淅川县、镇平县、方城县和邓州市公安部门建立了定期会商制度,研究和讨论工程保护、水质保护、破坏围网、钓鱼、镇平管理处工程设备被盗等问题的应对措施。

4. 工程突发事件应急管理体系

渠首分局成立了应急管理领导小组,局长为主任,局总工、副局长为副主任,分局机关各处(中心)和现地管理处负责人为成员,领导小组下设办公室,办公室设在分局工程管理处(防汛及应急办),明确了各级应急管理机构、领导及成员岗位职责。应急管理领导小组负责辖区内突发事件的应急管理,执行中线建管局应急管理决定。

5个管理处均成立以处长为组长的工程突发事件应急小组,负责辖区内突发事件的信息报送和先期处置,具体实施现场处置,服从中线建管局及渠首分局应急指挥,配合上级做好应急处理工作。

同时,渠首分局成立了11个专业应急指挥部,印发了14个突发事件应急预案。各管理处编制了工程突发事件应急处置方案。此外,分局及各管理处每年编制年度防汛应急预案。

5. 责任监督检查体系

渠首分局责任监督检查主要为机关各处(中心)相应的专业监督检查。依据渠首分局运行管理考核办法,每季度对各管理处开展季度、年度考核工作。对各管理处综合管理、计划经营、财务管理、运行调度、工程维护、质量安全、安全监测、应急管理、机电金结、信息自动化、水质保护和档案管理12个专业进行检查、考核。日常运行管理过程中,分局领导、机关各处(中心)定期或不定期对各管理处运行管理工作进行抽查、检查,日常检查、抽查情况作为季度考核和年度考核的重要评分依据。

各管理处每月组织1次运行管理全面检查,并由管理处处长或副处长带队;各科室、各专业依据工作职责分工,定期或不定期对所负责专业开展专项检查、排查。

6. 运行安全目标管理体系

在中线建管局的指导下,经渠首分局安全生产委员会研究,渠首分局近期运行安全目标暂定为:杜绝重大以上事故发生,保证工程安全平稳运行,水质稳定达标,力争实现责任事故死亡率"零"目标;远期运行安全目标为:杜绝较大以上事故发生,保证工程安全平稳运行,水质稳定达标,实现责任事故死亡率"零"目标。暂定管理处近期运行安全目标为:杜绝较大以上事故发生,保证设备设施安全运行,减少较重以上运行管理违规行为发生,力争实现责任事故死亡率"零"目标;远期运行安全目标为:避免责任事故发生,确保设备设施安全运行,杜绝严重运行管理违规行为发生,实现责任事故死亡率"零"目标。

为保证运行安全目标的顺利实现,将运行安全目标作为年度运行管理目标考核主要内容之一。如果发生运行安全事故,将对发生安全生产责任事故、工程安全责任事故、水质污染责任事故的管理处年终考核成绩实施一票否决制,并对相关责任单位和责任人严肃追究责任。

日常运行管理中,分局机关各处(中心)定期、不定期检查现场安全运行情况,严格落实中线建管局、渠首分局相关安全管理、应急管理、设施设备巡查及巡视、工程管理范围出入管理、中控室准入等制度办法,做到及时发现和整改问题,防止发生影响或可能影响工程安全、调度安全、水质安全和人身安全的事件,确保运行安全目标的实现。

7. 运行安全问题治理体系

严格落实《南水北调中线干线工程运行安全问题查改工作规定》和《关于开展"问题查改月"活动的通知》,认真开展问题查改工作。编制了渠首分局问题查改工作方案和"问题查改月"活动方案,成立了以分局局长为组长的领导小组,副组长为总工程师和副局长,成员为分局机关各处(中心)、各管理处负责人,领导小组下设办公室;并明确了领导小组、办公室工作分工和工作职责。

分局机关各处(中心)按照职责分工,分专业落实问题查改责任,切实发挥业务主管部门的组织管理职能,明确问题整改标准和要求,指导现场整改,并组织开展相关专项排查和整改工作。同时,对各管理处相关专业问题整改状态进行复核,对问题整改和信息报送审核把关。

各管理处按照中线建管局和分局要求,对照历次检查问题台账,举一反三,全面排查,认真组织开展问题查改工作。制订问题整改计划,确定责任单位和责任人,明确整改时限并组织整改。

8. 运行安全文化管理体系

渠首分局认真贯彻中线建管局"树安全之观,立文化之念;保滴水之安,护清渠之全"的安全文化理念。详细制订安全教育培训计划,并按计划组织人员安全培训。

9. 安全岗位责任清单

梳理了分局局长、总工程师、副局长、分局机关各处(中心)及负责人、各管理处及负责人、各运行管理岗位的职责,全面落实安全责任。如果发生安全生产、水质污染等责任事故或事件,将按照安全岗位责任清单对相关责任单位和责任人进行严肃责任追究。

10. 全线设备设施运行缺陷清单

严格贯彻执行中线建管局和渠首分局印发的操作手册和操作指南,防止发生误操作;金结机电、信息自动化、35 kV 中心开关站、安全监测日常巡视和工程巡查、安保巡逻、安全检查中,结合设备设施运行缺陷清单检查、排查问题;针对梳理出的设备设施运行缺陷清单,制定相应的处置方法及流程,及时对问题进行处理。

11. 工程运行和水量调度安全问题清单

针对梳理出的输水调度类问题清单,加强调度值班纪律,落实调度交接班要求,强化专业培训、细化能力考核,加大过程检查,落实人员责任,防止出现输水调度违规行为。

将工程类安全问题和水质保护类问题清单分解列入工程巡查记录表,工程巡查人员对照巡查记录表每天对辖区内工程、水质情况巡查1遍。

12. 突发事件应急管理行为清单

如果发生应急突发事件,依据梳理的应急调度突发事件、工程安全事故、水污染事件、洪涝灾害、金结机电设备及自动化调度系统重大故障、交通事故、穿(跨)越工程突发事件、火灾事故8个专业的应急管理行为清单,逐级报告,并做好先期处置工作。

### （五）检查与考评

渠首分局每季度对管理处进行运行管理考核,运行安全管理标准化建设工作为重点考核项目之一。在日常中,分局领导、机关各处(中心)不定期对各管理处进行检查、抽查和指导,并督促各管理处按时完成各项标准化建设节点工作任务。在分局安全生产委员会历次会议中,通报各管理处运行安全管理标准化建设检查情况、各管理处汇报工作开展情况。

## 四、运行安全管理标准化建设成效

### （一）体系运转方面

#### 1. 工程运行安全管理体系

渠首分局和各管理处工程运行安全管理体系进一步完善,安全生产管理岗位职责进一步明确,安全生产责任制落实到各级单位和人员,保证了国家、地方政府、中线建管局和渠首分局有关安全生产法律法规、标准和规章制度的贯彻执行,确保了工程运行安全。

#### 2. 工程防洪度汛安全管理体系

进一步明确了防汛体系机构组成及职责分工,做到责任到人。

汛前,排查梳理防汛风险项目并制订专项应急处置方案、绘制防汛风险项目抢险线路图,盘点和补充防汛应急物资、设备,组建应急抢险队伍,防汛隐患排查问题处理,编制防汛"两案"等。

汛期,开展防汛应急拉练和演练,组织防汛培训,进行防汛工作检查,加强水雨情监测预警,施行防汛应急值班,与地方政府和防汛指挥部建立联防联动机制等。

汛后,及时开展防汛工作总结,查找和改进防汛工作的不足之处。

#### 3. 工程安防管理体系

"人防":渠首分局辖区共有警务室4个,干警11人、协警20人,警务室人员每周巡查2遍,在十九大期间增加夜间巡查,其中镇平段警务室每晚2次、其他警务室每晚1次;渠首分局辖区安全保卫工作已于2016年12月28日由中线保安公司全部接管,目前有安保人员86人、巡逻车11辆,均驻守在沿线各闸站,每天巡逻3遍(上午、下午、晚上),在十九大加固期间,夜间巡逻增加1次;工程巡查人员88人,每天对渠道工程巡查1遍;应急保障队伍1支、土建绿化维护队伍10支配备,金结机电维护队伍、自动化维护队伍、35 kV线路维护队伍、各施工队伍等,能够及时发现问题。

十九大期间,在存在超载风险和危化品运输风险的25座跨渠桥梁左岸搭设临时值守点,每座桥梁派驻 4 名人员,两班倒,24 h 值守;在 8 座控制闸(西赵河控制闸,娃娃河控制闸,梅溪河控制闸,白条河控制闸,清河控制闸及退水闸,潘河控制闸,脱脚河控制闸,贾河渡槽检修闸、退水闸及中心开关站)、肖楼分水口、潦河渡槽闸站,派驻人员开展 24 h 值守;为确保总干渠工程安全、运行安全及水质安全,在郑万铁路穿方城段工程施工期间派驻 1 名人员实施现场监管,确保现场严格按照批复的跨越方案施工;加强与南阳市调水办、南阳市公安局、邓州市调水办、邓州市公安局和各县区调水办、公安局等部门日常联络,及时掌握恐暴活动等信息,解决发现的有关问题。

"物防":渠首分局辖区所有办公区域、闸站均安放有消防灭火器共 960 个;所有跨渠桥梁、分水口、闸站出口等部位设置拦漂锁共 208 条、救生圈 416 个;在所有跨渠桥梁、闸站等部位设置安全救生箱共 309 个,每个救生箱中有救生衣 1 件、救生圈 1 个和救生绳 1 条;各管理处应急仓库中设救生绳、救生衣、救生圈、浮球、应急照明灯、抛绳器、应急冲锋舟等物资设备;在跨渠桥梁桥头及防抛网、渠道防护网、工程保护区安装各类工程保护、人员防护等警示标识标牌;在跨渠桥梁防抛网、渠道防护网顶部加设滚龙刺丝等。

"技防":各闸站均安装有点式火灾探测器、手动报警按钮、声光报警器、火灾报警主机及消防传输设备等消防设施;渠道两侧全部安装了视频监控设备,在南阳管理处和方城管理处渠道围网安装振动光缆,主要包括 451 套视频监控设备、52 套全填方视频监控设备和 132 km 电子围栏振动光缆、配套 365.94 km 微缆和综合监控系统;分局分调中心和管理处中控室安装有视频监控系统,2017 年在各警务室分别增设了 1 套视频监控系统,并派人 24 h 值班查看监控。

通过不断完善"人防""物防""技防",保证了工程安全、水质安全、财产安全和人员安全。

4. 工程突发事件应急管理体系

渠首分局建立了工程突发事件应急管理体系,编制了相应的应急预案和现场处置方案,根据工程特点和实际情况储备了各类应急抢险物资和设备,通过开展应急培训、演练等一系列工作,增强了渠首分局应对突发事件的应急能力。

2017 年 9 月至 10 月中旬,南阳地区发生连续降雨,9 月降雨 19 d,10 月上中旬降雨 12 d,且中到大雨居多。连续降雨导致辖区内Ⅰ级防汛风险项目淅川段桩号 8+740—8+860 和桩号 8+216—8+377 深挖方膨胀土渠坡变形加剧,分局迅速组织开展工程应急处置,有效遏制变形发展,稳定了渠坡,确保了工程安全。应急处置后,安全监测成果显示边坡基本稳定。

5.责任监督检查体系

渠首分局每季度对各管理处开展季度、年度考核工作。对各管理处综合管理、计划经营、财务管理、运行调度、工程维护、质量安全、安全监测、应急管理、机电金结、信息自动化、水质保护和档案管理12个专业进行检查、考核。日常运行管理过程中,分局领导、机关各处(中心)定期或不定期对各管理处运行管理工作进行抽查、检查,日常检查、抽查情况是影响季度考核和年度考核的重要评分依据。各管理处每月组织1次运行管理全面检查,并由管理处处长或副处长带队;各科室、各专业依据工作职责分工,定期或不定期对所负责专业开展专项检查、排查。

通过分局和管理处对各专业定期、不定期的检查、排查,及时发现和处理工程运行中各项问题,保证了工程运行安全。

6.运行安全目标管理体系

为保证运行安全目标的顺利实现,将运行安全目标作为年度运行管理目标考核主要内容之一。如果发生运行安全事故,将对发生安全生产责任事故、工程安全责任事故、水质污染责任事故的管理处年终考核成绩实施一票否决制,并对相关责任单位和责任人严肃追究责任。

日常运行管理中,分局机关各处(中心)定期、不定期检查现场安全运行情况,严格落实中线建管局、渠首分局相关安全管理、应急管理、设施设备巡查及巡视、工程管理范围出入管理、中控室准入等制度办法,做到及时发现和整改问题,防止发生影响或可能影响工程安全、调度安全、水质安全和人身安全的事件,确保运行安全目标的实现。

截至目前,渠首分局辖区未发生责任安全事故。

7.运行安全问题治理体系

通过开展问题查改工作和"问题查改月"活动,实行徒步巡查、举一反三、逐项整改、逐个销号,使全体员工在思想深处牢固树立"问题就是隐患、隐患就是事故"的意识,及时发现处理运行安全隐患,切实减少了问题存量、遏制了问题增量,查找和消除了一大批问题隐患,确保了工程运行安全。

8.运行安全文化管理体系

初步营造了"树安全之观,立文化之念;保滴水之安,护清渠之全"安全文化理念的舆论氛围,推动安全文化理念深入员工心中;全体员工和各协作单位的人员安全、工程保护、水质保护等意识得到增强;人员防溺水、应急救援知识和应急自救、互救能力得到了提高,"远离渠道、预防溺水"和保护南水北调工程的观念深入沿线群众心中。

## (二)制度建设方面

依据中线建管局各部门下发的制度办法、工作标准、规程及手册、方案,结合渠首分局运行工作实际,共编制了 14 个类别 88 项制度办法、手册、规程、方案,其中对 9 项制度办法进行修订;各管理处共编制、修订实施细则、方案等 27 项。

渠首分局和各管理处严格执行中线建管局、渠首分局、各管理处制定的方案、工作标准、规程及手册,保证了工程安全运行,证明了制度、标准等的科学合理性。

## (三)工程巡查专业化

进一步规范和明确了工程巡查的工作任务、工作内容、工作方法、人员配置标准、巡查频次、人员穿戴、工作记录、信息整理和报送等,统一了工程巡查工作手册以及巡查线路图、巡查记录表等。使得工程巡查工作开展和管理工作更加规范化和标准化,工程巡查管理人员和巡查人员更加专业化,更利于工程巡查工作的开展。

## (四)安全监测程序化

安全监测工作逐步实现程序化。渠首分局建立并完善安全监测管理责任制,编制了安全监测作业实施方案,明确了作业程序,建立了统一格式的监测仪器设施和设备台账、问题台账等,并且有效保护了安全监测设备。同时完善了数据采集、整理和初步分析作业流程,提高了安全监测工作效能。针对性的专项培训使安全监测人员业务水平上升了一个新台阶。

## (五)调度值班标准化

进一步规范了调度交接班、调度数据的采集和上报、调度指令的下达和反馈、输水调度报警响应、调度数据监控等输水调度业务流程,以及进一步规范了输水调度制度、调度值班方式、调度值班要求、调度值班纪律、交接班要求、调度工作要求、环境面貌要求和调度工作考核等工作标准,并且统一工装上岗,严格规范调度场所出入管理。

经过系统的学习培训,进一步提高了调度岗位人员的业务知识水平和调度自动化系统操作技能。提高调度业务执行效率及全体调度人员的整体素质,进一步推动了输水调度工作开展。

## (六)机电金结系统化

机电金结自动化管理按照系统化进行,相关制度日臻完善、设备面貌焕然一新、操作流程清晰明确、人员业务素质逐步加强。通过各项专业培训,全面提高了机电金结及自动化人员专业技术水平。

### (七)防汛应急实战化

各级机构组织防汛与应急管理培训、学习,提高了全员对防汛与应急管理重要性的认识。管理人员进一步掌握了防汛与应急管理的相关知识,更加明确了防汛与应急岗位工作职责。渠首分局组织的防汛、消防、水质等各类演练基本为全员全过程参加,通过有序地组织现场指挥、信息报送、应急响应、设备人员调遣、工程措施等,使领导和员工更加系统、全面地了解应急抢险工作,为实战积累了经验,提升了渠首分局应对工程突发事件的应急能力。

### (八)水质保护精细化

水质实验室和水质自动监测站形象面貌得到进一步提升;通过组织水污染事件应急演练,使相关业务人员及应急队伍应急反应能力得到锻炼,水污染应急处置能力和应急管理水平步入新台阶;以讲课、实操、考核等方式组织进行培训,使相关业务人员操作更加熟练,水质保护工作流程更加规范,达到了精细化管理,确保总干渠的水质安全。

### (九)综合管理效率化

通过运行安全管理标准化建设,综合管理水平得到整体提高,管理制度进一步细化,人员职责进一步明确,各项事务流程进一步优化,人员素质进一步提高,人员行为也得到进一步规范。

## 第二节　南水北调东线江苏段工程运行管理标准化建设

自南水北调东线江苏段工程建成运行以来,南水北调东线江苏水源公司一直高度重视工程运行管理工作,按照"稳中求进,提质增效"的总思路,立足早日实现江苏"两个率先"(率先全面建成小康社会、率先基本实现现代化)目标,扎实推进规范化、标准化、精细化、信息化建设,计划利用3年时间构建科学、规范、先进、高效的现代化工程管理体系,努力创建南水北调系统泵站工程管理"水源标准、水源模式、水源品牌"。

### 一、找准问题,精准施策

南水北调东线江苏段工程自2002年开工建设,2013年11月正式通水运行以来,工程安全平稳运行,多次圆满完成调水出省和省内抗旱排涝任务。在建设期向运行期转变过程中,江苏水源公司通过对存在问题的梳理,总结出公司还存在规章制度不统一、记录表单不统一、管理要求不统一、标识标牌不统一及管理行为不统一等问题。对此,公司领导高度重视,先后组织近60人次赴广东、北京、浙江、广西等相关单位进行调研、学习。

针对管理薄弱环节,公司明确了工作思路:以规范化为抓手,夯实江苏南水北调工程管理基础;以标准化为依托,构建江苏南水北调工程管理体系;以精细化为目标,树立江苏南水北调工程管理形象;以信息化为驱动,创造江苏南水北调工程智慧管理品牌。

## 二、顶层设计,完善体系

江苏水源公司在深入调研的基础上,积极借鉴其他行业的先进管理理念和管理经验,完成了顶层设计方案,提出了"10 S标准管理体系",主要包括:

(1)管理组织标准化体系(MOS)。按照精简高效、科学统筹、按岗设人的原则,科学配置泵站管理运行人员,明确岗位、素质要求,优化节约人力资源成本,构建管理组织标准化体系。

(2)管理制度标准化体系(MIS)。按照综合管理、工程管理、安全管理3大类,梳理相关的制度目录,完善修订制度内容,形成江苏南水北调工程制度体系。

(3)管理表单标准化体系(MDS)。按照精细化、清单化管理理念,编制泵站综合管理、工程检查、工程观测、维修养护、工程运行及安全管理等6大类技术资料模板。

(4)管理流程标准化体系(MPS)。从工程调度、控制运用、维修养护、检查观测、安全生产、综合管理等6个方面细化管理流程,提高管理效率和过程风险管控能力。

(5)管理条件标准化体系(MCS)。按照泵站工程管理规程的要求,从上墙图表、安全防护、专用工具等方面进行标准化配置,以期达到安全、规范的管理效果。

(6)管理标识标准化体系(MLS)。设计泵站管理公告类、名称类、导视类、警告类、指令类、禁止类等6大类标识标牌,实现可视化、精细化管理,展示江苏南水北调管理品牌的文化特色。

(7)管理行为标准化体系(MAS)。明确操作、巡视、维护和检修等管理行为标准。编制相应的作业指导书,推进清单式管理。

(8)管理要求标准化体系(MRS)。参照国家、行业等有关规程、规范要求,制定泵站工程的水工建筑物、机电设备等硬件设施设备的技术管理标准,解决"管什么、怎么管"的问题。

（9）管理安全标准化体系（MSS）。参照运行管理"八大体系、四项清单"，以及水利部《水利工程管理单位安全生产标准化评审标准（试行）》要求，实现安全运行达标、管理达标、考核达标。

（10）管理信息标准化体系（MMS）。利用移动互联、APP 等信息化手段，建设江苏南水北调信息化管理平台，实现数据共享、信息共享、平台共享、管理共享，达到可视化的透明管理。

### 三、规范管理，提升品牌

2017 年，江苏水源公司印发了《南水北调东线江苏段工程标准化建设实施方案》，成立以公司总经理为组长的标准化创建领导小组，明确时间节点，倒排工期，有序推进；先后组织 5 次现场推进会、3 次专家审查会，保证了标准化建设成果质量。

为检验成果的可行性，公司选择泗洪泵站作为公司标准化建设试点泵站，对标找差，修改完善。经过近半年的实践检验，管理所梳理意见和建议共 266 条，较好地丰富和完善了标准化建设成果，使得标准化建设更贴近管理实际需求。

截至目前，公司已完成管理组织、制度、表单、流程、条件、标识、行为、要求等八大体系建设。开展标准化创建工作以来，管理思路更加清晰了，管理目标更加明确了，管理行为更加规范了，管理人员的素质提高了，初步达到了公司提出的"夯实管理基础，提升管理水平，改善管理形象，打造管理品牌"的目标要求。

水不仅要"送到"，而且要高质量"送到"，这是公司始终坚持的初心。管理是一个不断探索的过程，标准化建设只是基础，是实现信息化和智能化的过渡阶段。下一步，公司将完成管理信息和安全两大标准化体系的构建及解台站、洪泽站和宝应站等 3 个直管泵站的推广工作，并将标准化建设成果尽快融入调度系统建设，开发智能化工程管理信息平台，最终建成科学合理、精简高效的智能化管理体系，打造智慧管理的标杆，以"创新、创优、求变、争先"的工作热情，努力打造行业一流、生机勃勃的创新型现代水务企业，以高质量的管理水平，为南水北调东线沿线始终送上一江清流。

# 第七章 标准化创建工程案例介绍

在标准化创建中,焦作管理处认真贯彻"稳中求进、提质增效"的工作目标,坚持以问题为导向,落实"两个所有"(管理处所有人查辖区内所有类里的问题),恪尽职守,奋勇争先,廉洁自律,圆满完成了上级下达的各项规范化、标准化工作任务,取得了较好的实施效果。

## 第一节 工程概况

南水北调中线干线总干渠焦作段包括焦作 1 段和焦作 2 段两个设计单元。起止桩号为Ⅳ28+500—Ⅳ66+960,渠线总长 38.46 km,其中建筑物长 3.68 km、明渠长 34.78 km。渠段始末端设计流量分别为 265 $m^3/s$ 和 260 $m^3/s$,加大流量分别为 320 $m^3/s$ 和 310 $m^3/s$,设计水头为 2.955 m,设计水深为 7 m。渠道工程为全挖方、半挖半填、全填方 3 种形式。总干渠与沿途河流、灌渠、铁路、公路的交叉工程全部采用立交布置。沿线布置各类建筑物 69 座,其中节制闸 2 座、退水闸 3 座、分水口 3 座、河渠交叉建筑物 8 座,左岸排水建筑物 3 座,桥梁 48 座(公路桥 27 座、生产桥 10 座、铁路桥 11 座),排污廊道 2 座。

焦作管理处负责南水北调焦作段运行管理工作,承担通水运行期间的工程安全、运行安全、水质安全和人身安全的职责,并在河南分局领导下负责焦作段尾工程建设、征迁退地和工程验收工作。

焦作管理处现有正式员工 32 名。其中处长(主持工作)1 名、副处长 1 名、主任工程师 1 名、管理人员 29 名,中共党员 16 名。管理处内设置有综合科、安全科、调度科、工程科。

## 第二节 标准化建设历程

2014 年 12 月 12 日,南水北调中线工程正式通水运行,2015 年 9 月,中线建管局针对通水伊始运行管理中暴露的安全隐患开展了全面整治活动,焦作管理处以"上水平、保通水"为目标,从"草、油、灰、锈"4 个基本问题为切入点,重点消除工程缺陷,编制了《焦作管理处全面整治活动实施细则》,并根据《南水北调中线干线工程建设管理局运行管理全面整治活动考核评比办法》积极开展自查自纠,通过全面整治活动,工程形象得到全面提升。

2016年4月,中线建管局审时度势,坚持问题为导向,部署了规范化管理任务。焦作管理处认真贯彻上级要求,对照项目清单,扎实推进"12+6"强推项目,根据《河南分局规范化建设实施方案》,全面开展10个大项74个小项规范化建设工作,做到了"人员新形象、工程新面貌、管理新台阶",完成以规范保安全的工作目标,实现了稳中求好。

2017年8月,中线建管局针对运行管理问题查改工作加强管理、明确责任、分类研判、精准整改,开展了运行管理问题集中查改专项活动。通过中线建管局4批23项、河南分局3批71项的规范化项目实施工作,集中消除了工程隐患,化解了安全风险,营造了自有人员主动发现问题、积极整改问题的良好局面。

2018年,焦作管理处认真贯彻南水北调系统"稳中求进、提质增效"的指导思想,扎实落实"两个所有"要求,积极开展标准化建设工作,承办并完成了中控室实体环境标准化、水质自动化监测站标准化、闸站标准化、渠道标准化、运行安全管理标准化试点建设工作,工程形象得到进一步提升,运行管理日趋规范。

2019年,焦作管理处深入贯彻"水利工程补短板、水利行业强监管"的水利改革发展总基调,全面落实"供水保障补短板,工程运行强监管"的总思路,突出问题导向,扎实推进"两个所有",通过对中线局下发的23项各类制度办法,69项各专业标准规程及19项各岗位操作手册的深刻落实,将标准化管理覆盖到全体人员和业务工作的方方面面,确保问题查改工作务求实效,不断提高安全保障水平。

# 第三节　标准化建设情况

## 一、标准化中控室

### (一)原设备设施存在的问题

标准化建设前,中控室布置有11个调度系统终端和两排调度台,功能分区不完善,调度台及值班人员的作业台空间不足,无法满足值班人员高效率的业务操作。电脑主机及地插电源安设于调度桌下,调度电脑的网络安全性及电源供电安全性不能得到有效的保障,线路凌乱,不利于维护检修,闸控系统、视频监控系统及调度管理系统等输水调度业务终端只有一套,不利于值班人员数据审核,经常出现数据审核不到位、不及时等问题。

实体环境方面存在地板下电源线、网线等杂乱无章,线缆未挂牌;塑料防静电地板磨损变形严重;窗帘为易燃布窗帘;制度牌杂乱、不统一等问题。

**(二)标准化建设过程**

2018 年初,按照"稳中求进、提质增效"的工作思路,中线建管局决定由河南分局焦作管理处作为试点处先行建设,取得经验后以点带面,在全线所有中控室进行推广。中线建管局率先顶层设计,制定标准,靠前指导。河南分局积极谋划,认真组织,加强督导焦作管理处落实有关部署和要求,经过高强度、高密度、高质量的攻坚奋战,8 月 29 日焦作管理处中控室标准化建设项目如期完成,生产环境面貌焕然一新,运行调度管理工作完善提高,标准化、规范化、精细化建设稳步推进。

中控室生产环境标准化改造建设主要工序为:原调度台及会议桌迁移→原防静电地板拆除→防静电地板铜带铺设→防静电地板支架铺设→线缆整理→防静电地板铺设→窗帘更换→电脑主机及显示器购置→电子制度牌制安调试→标准化标识牌制安→阳台封闭→调度控制台及会商系统平台制安→主机外置→中控室业务系统调试等。

部分标准化改造项目对比见图 7-1~图 7-12。

图 7-1　电子制度牌(改造前)　　　　图 7-2　电子制度牌(改造后)

图 7-3　电脑显示屏(改造前)　　　　图 7-4　电脑显示屏(改造后)

图 7-5 鼠键切换系统(改造前)

图 7-6 鼠键切换系统(改造后)

图 7-7 整体对比(改造前)

图 7-8 整体对比(改造后)

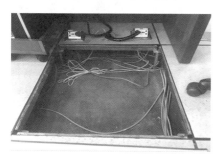

图 7-9 线缆布设(改造前)

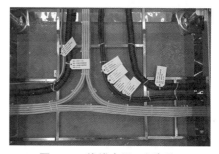

图 7-10 线缆布设(改造后)

图 7-11 陶瓷地板(改造前)

图 7-12 防静电陶瓷地板(改造后)

## (三) 取得的成效

依托现有资源建设生产调度中心，推进中控室生产环境标准化建设，是运行管理"稳中求进、提质增效"的重要举措，在以下 4 个方面深刻影响现地运行管理工作：

一是充分利用信息化、自动化管理手段，符合"新时代"工程运行管理的方向，有利于整体提升运行管理水平。

二是加大现有信息自动化系统资源的应用，有利于提高现地管理效率，提高工程和设备的安全保障程度，增加科技含量和技术含量，减少人力投入，提高工作效率，提高工作质量，实现资源节约。

三是强化信息自动化管理的使用，有利于更好地贯彻现地管理的"问题导向"，及时发现和处理问题，有利于险情的早期发现和先期处置。

四是实现生产调度信息集中布置、集成展示，有利于管理处整合各种业务信息和应用系统，实现信息资源的开放共享和交互使用。

## 二、标准化闸站

### (一) 原设备设施存在的问题

标准化建设前，闸站供电系统存在着电缆标识、挂牌不规范；强弱电未分层敷设；柴油发电机未定期启停或故障；部分高低压室绝缘垫厚度不满足规范要求；部分电源线使用花绞线；各类机柜、配电箱接地线部分缺失、不统一等问题。

机电金结设备存在着启闭机室楼梯间楼层标识牌安装位置不统一；闸室探照灯控制操作台标识牌不标准；控制闸弧形闸门锁定装置销轴与闸门锁定孔未接触；集水井水泵控制柜设计无抽排记录储存功能；液压启闭机控制柜内 UPS 主机和电池组摆放位置不规范；信息机电设备运行参数显示值与实际不符；卷扬启闭机齿轮箱润滑油和柴油发电机机油油位不满足要求，更换周期不明确；部分降压站、闸室内照明不亮；液压启闭机渗漏油等问题。

信息自动化设备存在着闸室电缆沟内闸控控制线未区分编号；中控室视频显示时间与实际不符；自动化室空调低温报警；温湿度数值显示不准确或不满足要求等问题。

消防设施存在着消防系统运行不稳定、消防器材不合格或到期未检验等问题。

### (二) 标准化建设过程

闸站标准化建设工作是中线建管局和河南分局一直在推进的项目，从 2015 年的全面整治开始，到 2016 年的"12+6"强推项目、2017 年的 4 批 23 项及河南分局 3 批 71 项、"问题整改月"及 2018 年的闸站标准化试点 9 项工作都是围绕"标准化"在有序开展。

2018 年中线建管局编制印发了《闸(泵)站生产环境标准化建设技术标准(修订)》和《标准闸(泵)站生产环境达标验收办法》两个文件,依据新标准和验收办法,河南分局于 2018 年 9 月 14 日发文确定焦作管理处白马门河控制闸作为试点之一,2018 年 11 月 28 日,通过中线建管局达标验收,并在河南分局全线推广。

规范化、标准化建设过程中,焦作管理处结合实际情况,组织专题会认真研究上级文件要求,从方案制订到进场交底,从进度、质量管控到竣工验收,各项目都明确到人,确保各项文件要求不打折扣、落实到位。

**(三)取得的成效**

经过反复比较、举一反三、查漏补缺,历经 5 年规范化、标准化建设,焦作管理处闸站标准化建设项目顺利完成,各闸站生产环境、面貌颜值焕然一新,设备设施安全性、稳定性大幅提高,运行调度管理工作进一步完善提高,标准化、规范化、精细化建设稳步推进,在全局标准化建设道路上迈出了坚实的一步。

标准化闸站建设项目见图 7-13~图 7-24。

图 7-13　闸室内地板砖铺设前

图 7-14　闸室内地板砖铺设后

图 7-15　原检修门孔口混凝土盖板

图 7-16　改造后检修门孔口玻璃钢格栅盖板

图 7-17　设备警示线

图 7-18　统一闸门编号

图 7-19　设置防鼠板

图 7-20　弧形闸门支臂及牛腿上增设防护栏杆

图 7-21　改造防鸟设施

图 7-22　工器具及消耗性材料专用柜

图 7-23　柴油发电机加装引风罩

图 7-24　完善监控设备

## 三、标准化渠道

### (一)原设备设施存在的问题

标准化建设前,渠道设施存在着围网生锈、破损、变形,网片高度不足,网片距地面缝隙过大;截流沟、排水沟坍塌、沉陷、开裂、破损、淤堵、排水不畅;防护林带乔灌木缺失、坏死,病虫害控制不及时,乔木入冬前未刷白,杂草高度大于 40 cm;渠道内外坡护面结构损坏,排水沟(孔)有淤积,除草修剪不均匀、不整齐,雨淋沟修复不及时;一级马道路面裂缝,路面沉陷,路面缝隙长草,路缘石破损,防浪墙裂缝、损坏,警示柱、反光标脱落;桥梁标识标牌缺失、损坏,钢大门锈蚀、配件缺失、栏杆损坏、锈蚀、变形;衬砌面板冻融、聚硫密封胶脱落,水体有垃圾、漂浮物;闸站园区交通、区域等标线不清晰,功能分区不明确等问题。

### (二)标准化建设过程

2016 年初,焦作管理处率先提出了建设标准化渠道的工作思路,通过日常维修养护逐步达到标准化,河南分局采纳了建设标准化渠道的建议,于2016 年 6 月印发了《河南分局标准化渠道建设实施方案》,标准化渠道建设共包含 10 个大项 74 个小项,通过管理处自查申报,河南分局检查评审,评定产生"河南分局标准化渠道",结合月度与年度考核进行复查等三个步骤进行组织评定。

2016 年 11 月,焦作管理处闫河倒虹吸出口至翁涧河倒虹吸进口渠段、山门河倒虹吸出口至张田河公路桥渠段率先通过河南分局评审,被第一批评为标准化渠道,当年完成标准化渠道创建长度 7.6 km。2017 年,焦作管理处通过标准化渠道评审 14.4 km。2018 年,焦作管理处通过标准化渠道评审 10 km。截至 2019 年 9 月,焦作管理处已通过标准化渠道评审 11.8 km。目前,焦作管理处累计通过标准化渠道评审已达 43.8 km。

### (三)取得的成效

焦作管理处标准化渠道建设以保障工程安全为目的,依托工程土建绿化日常维护工作进行开展,通过对安全防护网、截流沟、防护林带、一级马道以上内坡及外坡、一级马道、衬砌面板、闸站园区、跨渠桥梁、排水输水建筑物、渠道环境保洁等进行标准化整治,补齐渠道工程维护短板,建立工程维修养护样板,提高工程维修养护水平,促进维修养护规范化,提高干渠工程的外观整体形象和安全性,确保工程正常平稳运行,实现了渠道工程维修养护工作的制度化、日常化、专业化和景观化。

标准化渠道建设见图7-25~图7-30。

图7-25 安全防护网

图7-26 防护林带

图7-27 一级马道以上内坡及外坡(一)

图7-28 一级马道以上内坡及外坡(二)

图7-29 一级马道

图7-30 跨渠桥梁

## 四、标准化水质自动监测站

### (一)原设备设施存在的问题

标准化建设前,水质自动监测站存在着功能不完善、设施不齐全、标准不统一;建筑物密封不严,温、湿度无法有效保证,内墙易阴湿;无隔离区,污染物会直接进入试验区、设备区;配套设施不齐全,无更衣柜、储物柜;无专业试验台、警示贴掉色、制度牌满墙悬挂不整齐等问题,影响着水质检测的工作质量。

(二)标准化建设过程

2018年初,中线建管局决定将河南分局焦作府城南水质自动监测站作为试点建设站,取得成效后在全线13个水质自动监测站进行统一推广。中线建管局紧抓顶层设计,制定标准。河南分局5月26日委托专业设计单位,引入SI系统;7月20日公开采购施工单位,加强督导焦作管理处落实有关决策和要求;9月10日河南分局焦作府城南水质自动监测站标准化试点项目如期完成,生产条件得到极大改善,为水质安全标准化、规范化、精密化、信息化创造了通水以来最好的局面。

(三)取得的成效

依托现有资源,推进水质自动监测站标准化建设,是运行管理"稳中求进、提质增效"的重要举措,实现了设施齐全、功能完善、理念先进的试点目标,具体体现在以下4个方面:

一是设计绿色环保。水质自动监测站由专业设计团队进行设计,按照绿色、节能、环保等设计理念,空间布局体现功能化和多样化,隔离区、试剂室与设备室分离设计。

二是建筑材料和处理无害化。站房所采用的材料全部为环保材料。

三是站房控制智能化。实行温控、湿控智能化,能根据自动监测站的温、湿度要求自动调节。

四是突出了安全可靠、功能全面、优质高效的特点,充分发挥信息化、自动化管理手段,有利于整体提升水质安全管理水平。

标准化水质自动监测站改造建设项目见图7-31~图7-40。

图7-31 实验室改造前

图7-32 实验室改造后

图 7-33　室内改造前

图 7-34　室内改造后

图 7-35　外观改造前

图 7-36　外观改造后

图 7-37　观察窗

图 7-38　走廊

图 7-39　储物柜

图 7-40　更衣柜

# 第四节　标准化建设探索

## 一、运行安全管理标准化

以2017年运行安全管理标准化试点建设成果为基础,焦作管理处梳理安全管理的"八大体系,四项清单",构建安全管理的"四梁八柱"。通过规范化管理,促进运行安全管理组织、责任、制度体系建设和行为清单规范,深入开展南水北调工程运行安全管理标准化、规范化、信息化建设。

同时,焦作管理处为规范渠道现场的日常维护、专项施工、安全管理、设备操作及问题查改过程中的安全生产行为,制定了《焦作管理处安全生产操作规程》。该规程填补了输水运行现场安全生产规范化管理的空缺,明确了各专业工作过程中各类许可要求,规范了各专业安全生产的动作行为,为消除安全生产过程隐患、落实上级安全生产相关要求提供了较为全面的指南。

## 二、标准化党建

焦作管理处注重发挥传统的政治优势,以"红旗基层党支部"创建为抓手,将党建业务与中心业务深度融合,根据中线局要求,并结合现场工作情况和《中国共产党支部工作条例(试行)》,在基层党支部标准化建设上积极探索,形成了6大项42分项的南水北调中线基层党支部标准化建设工作指标分解表(初稿),并开展相关建设工作。

## 三、标准化员工绩效考核管理

为客观、公正、准确地评价员工工作业绩,营造多劳多得、创先争优的工作氛围,焦作管理处在员工绩效考核上积极探索,编制了《焦作管理处绩效考核办法(试行)》,每季度对员工工作绩效、团队协作、出勤率、问题发现、一专多能五个方面的工作情况进行评价打分,考核结果与绩效工资、年终评优挂钩,充分调动了员工工作的积极性,也使得人员结构更加稳固,管理更加规范。

## 四、标准化物业管理

为提升焦作管理处园区物业管理水平,根据河南分局要求,焦作管理处开展了标准化物业管理探索工作。焦作管理处出台了《管理处规范化后勤物业工作实施方案》,在车队、会服、保洁、食堂、门岗、水电维修等岗位上做文章,提出各岗位的规范化工作标准,以规范化的工作准则促进物业人员素质的提高,提高焦作管理处形象。以规范化的食堂、车队管理程序使工作更加严谨、环境更加整洁。

## 五、标准化档案室

中线建管局高度重视档案管理工作,出台了《南水北调中线干线工程建设管理局档案保管技术标准》,对现地管理处的档案库房、借阅室、办公区等场所提出了要求。结合《档案馆建筑设计规范》(JGJ 25—2010)及管理处档案管理实际情况,焦作管理处向河南分局提出了建设标准化档案室的意向并获批成为首个标准化档案室的试点管理处。

焦作管理处标准化档案室试点工作以问题为导向,重点是要解决档案库房消防系统不完善、不专业,档案管理监控、门禁等安全措施缺失,恒温恒湿、墙面防潮、照明采光、窗户阻光效果不达标等问题。

试点工作开展以来,管理处组织专人通过学习档案管理相关知识、走出去到黄河水利委员会档案馆学习调研、市场调研等措施,提出了标准化建设具体方案。

运行管理,标准化是方向。焦作管理处下一步要继续坚持问题导向,做好物、事、人三块主要内容的标准化建设。物是指现地实体建筑物及设备设施标准化,小到各个系统时间的步调一致,大到现场实体环境的统一;事是指岗位工作标准化,对各岗位工作流程进行梳理,做到事前、事中、事后全覆盖,把怎么做,谁来做,做成什么样制定标准;人是指运行管理标准化,用一系列的制度进行管理并约束现场管理及维护人员的行为,实现用制度管物,按制度办事,靠制度管人,力求使制度成为硬约束,让标准化的成效最大化。

# 第八章　运行管理标准化经验与不足

## 第一节　运行管理标准化经验

通过多年发展,南水北调运行管理标准化取得了一定的经验,主要包括以下几个方面。

### 一、标准化试点先行,择优复制推广

南水北调中线标准化工作采取了在焦作管理处选取试点,通过试点,反复探索最佳的实施方案和效果,对实施效果不理想的地方进行多次优化改进,在取得最优效果并通过专家验收后,由河南分局或中线建管局进行推广应用。

在南水北调东线标准化建设中,通过在泗洪泵站成功试点,发挥示范引领作用,在引用推广下,逐渐形成了江苏2.0版泵站群管理标准,同时,为江苏省南水北调泵站群推广"10 S标准管理体系"奠定了基础。

标准化试点作为一种"自下而上"的模式,与标准制定的"自上而下"模式相结合,形成一套标准化循环优化改进的路径,为标准发挥效果提供有力支撑。

### 二、开展标准顶层设计,注重落地生根

加强顶层设计包括标准化发展规划、体系顶层设计、每年年度工作方案等。

在体系顶层设计方面,如江苏水源公司按照南水北调工程"稳中求好,创新发展"的总体思路,于2017年完成"10 S标准管理体系"顶层设计,即十大标准化体系,具体包括组织、制度、表单、流程、安全、信息、要求、行为、条件、标识等10个管理方面。"10 S标准管理体系"的内容、分类等均从实际运行管理过程中的需求出发,以解决实际问题为目标,如管理表单标准体系中,囊括所有环节需要填报的表单,不同的表单对应不同的时间段或环节,使得整个管理流程中表单规范化、统一化。

通过"10 S标准管理体系"的实施,建立了科学制度,规范人的行为,全面

提升泵站工程管理人员业务素质和操作技能,使管理方式从定性化到定量化、从静态到动态,从粗放式到精细化管理转变,有效减轻了现场管理压力,实现了复杂问题简单化、简单问题程序化、程序问题固定化,不仅提高了工作效率、减小了事故发生率,而且保证了工程运行安全可靠。

在每年度工作方案制订方面,东线总公司和中线建管局每年结合标准化开展情况,制订当年的标准化工作方案,如中线建管局,自 2016 年起,每年统筹谋划,制订年度工作方案,并配套相应的政策文件,如 2019 年 5 月印发了《南水北调中线干线工程 2019 年运行管理标准化规范建设实施方案》,明确了年度主要任务,同时 6 月印发了《关于做好南水北调中线干线工程 2019 年运行管理标准化规范化建设有关工作的通知》,对年度工作进一步分解细化,明确任务分工及时间节点要求,将年度工作落到实处。

### 三、以信息化为手段,促进标准化实施

南水北调中线和东线均积极采用信息化手段,促进标准化实施,在中线工程中,通过手机客户终端,将运行管理过程中的事项、流程、问题等汇总,运行管理人员通过手机 APP 实现巡查路线管理、扫二维码登记、提醒注意事项、问题查看与申报等运行管理的需要,在东线工程中,利用移动互联、APP 等信息化手段,结合调度运行系统,建设江苏南水北调信息化统一管理平台,实现数据共享、信息共享、平台共享、管理共享,打造"可视化的数字管理时代"。

信息化作为科学、高效实施标准化的载体,将制定的标准化要求,以便捷、高效的方式落实到具体实施人员,同时避免了纸质材料印刷浪费、传输周期长、填报审核不易等问题,极大地促进了标准化实施。

# 第二节　标准化运行管理存在的问题

### 一、标准管理无法统一

由于管理体制不同,中线和东线管理上各不相同,中线由南水北调中线建管局统一管理,标准能够实现内部统一实施;东线全线运管模式尚未落地,各单位运行管理职责未理顺,责权利关系未闭合,仍处于江苏、山东分管状态,同时各段工程管理单位不同,如江苏省境内有 14 座泵站,其中 4 座由江苏水源公司直接管理、10 座由当地代管。江苏各泵站以江苏水源公司"10 S 标准管理体系"为标准化建设体系,整体框架与东线总公司现行标准略有差异,但实

际运行管理资料和管理方式基本一致,截至 2019 年年底,江苏方面初步完成 9 座泵站的"8 S 标准管理体系"标准化建设工作,安全生产标准化创建工作正在全面推进;山东干线公司通过了水利部水利安全生产标准化一级达标单位评审,现以东线总公司 4 个标准要求开展标准化建设工作,同时结合管辖工程类型,打造标准化试点,待完成后推广至其他管理处借鉴。

此外,中线和东线之间、东线内部各工程段之间参考使用的标准均不统一,如中线采用的标准包括国家标准、行业标准及南水北调中线标准;东线采用的标准包括国家标准、行业标准;江苏省地方标准及江苏水源公司制定的企业标准等。由于采用的标准不统一,相关的管理要求各不相同,如管理制度、记录表单、标识牌外观(见图 8-1、图 8-2)等均不一致。

**图 8-1 中线管理局标识牌**　　　　**图 8-2 东线泗洪泵站标识牌**

## 二、相关成果需不断完善和巩固

标准化各个阶段建设要求与内容不同,如前阶段重点围绕职责体系、制度标准体系、流程体系及实体达标建设等开展工作,虽取得一些成果,但需要在实践中不断发现新的问题和漏洞,并不断补充、修订和完善。风控体系和绩效考核体系正在积极谋划推进,后续工作任重而道远。同时各单位对相关成果的执行应用还需进一步加强,仍需更多的时间进行积累巩固。

东线工程标准化建设推进过程中,已印发的 4 个标准(试行版)也存在许多内容需不断完善改进,特别是在标准如何落地推行方面,标准与其他国家标准、行业标准的兼容方面,如何与江苏水源公司、山东干线公司现行规范体系衔接方面,以及工程建设标准不统一、设备类型难全面覆盖等方面均需要修订完善。在现场贯标、评价过程中也发现,要想将运行管理标准落实到每一项具体工作中,必须再深入细化现行标准内容,如制度、流程、表单等管理事项,都有待进一步规范。

### 三、制定的标准数量过多、种类过杂

调研过程中,一线人员普遍反映制定的标准在规范化运行管理过程中发挥了较好的作用,但标准数量太多,标准的整体综合性不好,降低了标准的使用效率,同时标准的分类需要进一步优化,如在信息机电方面,共有 53 个标准,使用起来较为烦琐,建议进行压缩简化。

此外,标准是经协商一致制定并由公认机构批准,共同使用的和重复使用的一种规范性文件,其发布、编制格式等都有相应的要求,需要以"标准"的形式发布。在南水北调标准化工作中,有的是下发的文件,有的是规章制度,有的是规程、办法、细则等,标准的形式多样,未能统一,不利于标准的统一管理和实施。

### 四、部分标准科学性不足

标准的定义中明确规定标准是"为了在一定的范围内获得最佳秩序",但调研过程中发现,运用标准化后,效率反而降低了,如巡查原本需要 20 min,在实施标准化后,巡查时间增加到 40 min,工作效率反而降低。此外,在运行管理巡视过程中,动态巡视和静态巡视的时间段确定需要进一步优化。

### 五、标准化建设缺乏完善保障机制

标准化建设不仅要建立标准体系、完善标准资料,更重要的是现场单位建立规范意识,落实管理责任,形成保障机制。这就需要一是落实人员保障,增加标准化专业人员配备,大力开展运行管理培训,切实增强现场人员的管理能力;二是落实经费保障,成立标准化建设专项经费,从硬件到软件,保证稳定的资金支持是落实标准化建设的必备手段。

### 六、利用信息化手段实现标准化管理仍有待加强

东线工程运行管理标准化建设工作已取得初步成效,但与许多集团单位、国际公司相比,整体还比较薄弱,运行管理信息化短板突出。标准化建设是一

个从点到面、由增到减的过程,有效运转、精简实用是关键。利用信息化管理平台,建立集中统一的数字化管理模式,将标准文本、标准要求、标准管理信息化和智能化,保证运行管理标准长期稳定地规范执行,才是标准化建设工作成熟完善的体现。

# 第三节　发展思考

通过研究,南水北调各单位开展标准化的积极性和认可度均较高,而在对标准化开展的目标和要求,以及标准化理论等的认识上存在不足,标准化工作存在流于表面等问题。针对调研过程中发现的问题进行思考,现提出一些建议。

## 一、加快标准化总领性政策制度建设

南水北调工程作为我国重大水利工程之一,其标准化工作需要在水利部指导下开展,加强标准化总领性政策制度建设,有利于促进南水北调工程标准化工作的统一开展,规范各地标准化工作机制,推进完善标准化工作体系。

## 二、建设南水北调标准体系,提高标准质量

首先,应根据南水北调目前现有的标准实际情况,统筹规划,组织制定和完善包括国家标准、行业标准、地方标准和企业标准在内的南水北调标准体系。其次,在标准的制定过程中,不仅要考虑其是否能适应南水北调工程运行管理的需要,也可参考国际标准化组织或国内其他已有的相关标准;不仅要考虑现实的需求,也要注意吸收发达国家的先进技术。

## 三、发布部分南水北调工程标准

针对在南水北调工程中运用较好、各项条件成熟,且具备共性,能够共同使用的标准由水利部统一编制发布,如公告、名称、导视、警告等标识标牌、运行管理的流程表单等,由南水北调司牵头统一编制技术标准,进行应用推广。

## 四、加强南水北调工程标准化队伍的建设

南水北调工程标准化工作是一项技术含量很高的工作,它需要配备专门的工作人员。当这些人员进入这个领域以后,要对他们进行全面的培训,提高其业务能力和管理水平,适应科技和时代发展的要求,为后期标准化的发展打下坚实的基础。

### 五、积极转化南水北调可开展标准化建设成果

将南水北调工程中成熟、先进、实用的技术,积极转化为行业标准、团体标准,进行推广应用。例如,南水北调中线工程建设的一体化多功能浮桥,具有一定的技术创新性和实用性,可转化为团体标准进行推广。

### 六、统一标准化建设内涵

南水北调工程运行管理建设过程中使用的"规范化""标准化"等名称尚不统一,且建设内容不一。为更好地推广南水北调标准化建设成果,应进一步明确各标准化概念的建设内涵,如是否包含规章制度建设等。

### 七、以信息化为支撑推动标准化建设

信息化作为重要手段工具,不断推动标准化建设。通过研发信息化系统,建立行政管理系统、自动化调度系统、工程巡查实时监管系统等多个信息化系统。建议建立统一的专门网络服务平台,构筑南水北调标准化服务渠道,及时发布标准化相关信息。建立统一的标准文件管理平台,及时全文公布各级标准,有利于促进标准实施。

# 附　录

## 附录 1　南水北调标准化大事记

2013 年 11 月 15 日,南水北调东线全线正式通水;

2014 年 9 月 30 日,南水北调东线总公司正式成立;

2014 年 12 月 12 日,南水北调中线干线工程正式通水;

2015 年,南水北调东线启动工程运行管理标准化建设;

2016 年,东线完成洪泽泵站标准化试点建设;

2016 年 4 月 5 日,南水北调办印发《关于开展南水北调工程运行安全管理标准化建设工作的通知》(总建管〔2016〕16 号);

2016 年 4 月 14 日,东线总公司印发《关于做好南水北调东线工程运行安全管理标准化建设有关工作的通知》(东线工函〔2016〕25 号);

2016 年 4 月 25 日,中线建管局印发《南水北调中线干线工程运行安全管理标准化建设工作方案》(中线局质安〔2016〕27 号);

2016 年 7 月 7 日,中线建管局印发《关于印发〈南水北调中线干线工程运行安全管理体系和管理清单〉的通知》(中线局质安〔2016〕65 号);

2017 年 1 月 22 日,南水北调办印发《关于深入开展南水北调工程运行安全管理标准化建设工作的通知》(综建管〔2017〕6 号);

2017 年 3 月 23 日,中线建管局印发《关于印发〈南水北调中线干线工程运行安全管理标准化建设试点工作指导手册〉的通知》(中线局质安〔2017〕27 号);

2017 年 6 月 19 日,中线建管局印发《关于成立中线干线工程运行管理规范化建设工作领导小组的通知》(中线局综〔2017〕14 号);

2017 年 7 月 14 日,东线总公司印发《南水北调东线工程 2017 年运行安全管理标准化建设工作方案》(东线工函〔2017〕69 号);

2017 年 10 月 10 日,中线建管局调整确定了新的运行管理规范化建设工作领导小组,并专设规范化建设办公室;

2018 年,东线完成 8 座泵站标准化试点扩展创建工作;

2018 年 2 月 2 日,中线建管局印发《关于批准发布〈企业标准体系编制指南〉、〈规章制度编写规范〉和〈规章制度管理标准(试行)〉的通知》(中线局〔2018〕7 号);

2018 年 5 月 4 日,中线建管局组织召开 2018 年规范化建设第一次专题会议;

2018 年 5 月 11 日,东线总公司印发《关于印发〈南水北调东线企业视觉识别系统手册〉的通知》(东线工函〔2018〕62 号);

2018 年 9 月 2 日,中线建管局组织召开 2018 年规范化建设第二次专题会议;

2018 年 10 月 15~19 日,东线总公司在江苏扬州举办工程运行管理培训班;

2018 年 11 月 5 日,东线总公司印发《关于印发〈南水北调东线泵站工程规范运行管理标准(试行)〉的通知》(东线调度函〔2018〕176 号);

2018 年 11 月 6 日,东线总公司制定形成《南水北调东线工程运行管理规范化总体规划》,并上报水利部南水北调司;

2018 年 12 月 12 日,东线总公司印发《关于印发〈南水北调东线水闸工程规范运行管理标准(试行)〉等三个标准的通知》(东线调度函〔2018〕204 号),推广水闸、河道(渠道)、平原水库等三项标准的应用;

2019 年,东线全面推广标准化体系;

2019 年 5 月 25 日,中线建管局印发《关于南水北调中线干线工程 2019 年运行管理标准化规范化建设实施方案的报告》(中线局科技〔2019〕47 号);

2019 年,东线总公司印发《南水北调东线工程 2019 年运行管理标准化工作实施方案》(东线调度函〔2019〕25 号);

2019 年,南水北调司印发《关于进一步推进南水北调东中线运行管理标准化、规范化建设工作的通知》(南调运函〔2019〕9 号);

2019 年 6 月 19 日,中线建管局印发《关于做好南水北调中线干线工程 2019 年运行管理标准化规范化建设有关工作的通知》(中线局科技〔2019〕52 号);

2019 年 9 月 3~5 日,东线总公司在山东举办工程运行管理标准化培训班;

2019 年 10 月 10 日,中线建管局印发《关于印发中线建管局标准化规范化建设强推工作方案的通知》(中线局总工办〔2019〕25);

2019 年 12 月 3 日,中线建管局印发《关于授予陶岔管理处等 44 个现地

管理处"达标中控室"称号的通知》(中线局调〔2019〕40号);

2019年12月10日,中线建管局印发《关于授予湍河节制闸等97座闸(泵)站"达标闸(泵)站"称号的通知》(中线局信机〔2019〕44号);

2019年12月16日,中线建管局印发《关于授予姜沟水质自动监测站等"达标水质自动监测站"称号的通知》(中线局水环〔2019〕38号);

2020年,东线开展泵站工程运行管理标准化表单细化工作。

# 附录2 南水北调办公室发布的标准清单

附表1

| 序号 | 标准名称 | 标准编号 |
|---|---|---|
| 1 | 南水北调泵站工程水泵采购、监造、安装、验收指导意见 | NSBD1—2005 |
| 2 | 南水北调中线一期北京西四环暗涵工程施工质量评定验收标准（试行） | NSBD2—2006 |
| 3 | 南水北调中线一期北京PCCP管道工程施工质量评定验收标准（试行） | NSBD3—2006 |
| 4 | 南水北调中线一期穿黄工程输水隧洞施工技术规程 | NSBD4—2006 |
| 5 | 渠道混凝土衬砌机械化施工技术规程 | NSBD5—2006 |
| 6 | 南水北调中线一期丹江口水利枢纽混凝土坝加高工程施工技术规程 | NSBD6—2006 |
| 7 | 南水北调中线一期工程渠道工程施工质量评定验收标准（试行） | NSBD7—2007 |
| 8 | 渠道混凝土衬砌机械化施工单元工程质量检验评定标准 | NSBD8—2010 |
| 9 | 南水北调工程验收安全评估导则 | NSBD9—2007 |
| 10 | 南水北调工程验收工作导则 | NSBD10—2007 |
| 11 | 南水北调工程外观质量评定标准（试行） | NSBD11—2008 |
| 12 | 南水北调中线一期天津干线箱涵工程施工质量评定验收标准 | NSBD12—2009 |
| 13 | 南水北调工程平原水库技术规程 | NSBD13—2009 |
| 14 | 南水北调中线汉江兴隆水利枢纽工程单元工程质量检验与评定标准 | NSBD14—2010 |
| 15 | 南水北调工程渠道运行管理规程 | NSBD15—2012 |
| 16 | 南水北调泵站工程管理规程（试行） | NSBD16—2012 |
| 17 | 南水北调泵站工程自动化系统技术规程 | NSBD17—2013 |
| 18 | 南水北调工程基础信息代码编制规则（试行） | NSBD18—2015 |
| 19 | 南水北调工程业务内网IP地址分配规则（试行） | NSBD19—2015 |
| 20 | 南水北调工程基础信息资源目录编制规则（试行） | NSBD20—2015 |
| 21 | 南水北调东、中线一期工程运行安全监测技术要求（试行） | NSBD21—2015 |

# 附录3 南水北调中线干线建管局发布的标准化清单

附表2

| 标准编号 | 标准名称 | 标准性质 |
|---|---|---|
| 01　综合部 – 9 | | |
| Q/NSBDZX 322.30.01.01—2018 | 现地管理处文秘岗位工作标准 | 岗位标准 |
| Q/NSBDZX 322.30.01.05—2018 | 现地管理处法律事务岗位工作标准 | 岗位标准 |
| Q/NSBDZX 322.30.01.08—2018 | 现地管理处行政后勤岗位工作标准 | 岗位标准 |
| Q/NSBDZX 421.01—2018 | 公文处理实施办法 | 规章制度 |
| Q/NSBDZX 421.02—2018 | 印章管理办法 | 规章制度 |
| Q/NSBDZX 421.03—2018 | 保密工作管理办法 | 规章制度 |
| Q/NSBDZX 421.04—2019 | 督办工作管理办法 | 规章制度 |
| Q/NSBDZX 421.05—2018 | 办公自动化系统运行管理办法(试行) | 规章制度 |
| Q/NSBDZX 424.01—2018 | 法律事务管理办法 | 规章制度 |
| 02　计划发展 – 8 | | |
| Q/NSBDZX 123.01—2018 | 南水北调中线干线土建、绿化工程维修养护日常项目预算定额标准 | 技术标准 |
| Q/NSBDZX 322.30.02.01—2019 | 合同管理岗位工作标准 | 岗位标准 |
| Q/NSBDZX 322.30.02.02—2019 | 计划统计岗位工作标准 | 岗位标准 |
| Q/NSBDZX 422.01—2018 | 计划管理办法 | 规章制度 |
| Q/NSBDZX 422.02—2018 | 统计管理办法 | 规章制度 |
| Q/NSBDZX 423.01—2018 | 合同管理办法 | 规章制度 |
| Q/NSBDZX 427.01—2018 | 招标项目采购管理办法 | 规章制度 |
| Q/NSBDZX 427.03—2018 | 非招标项目采购管理办法 | 规章制度 |
| 03　财务 – 7 | | |
| Q/NSBDZX 110.01—2018 | 会计基础工作规范化指引 第1号——会计分录摘要编写 | 规章制度 |

**续附表 2**

| 标准编号 | 标准名称 | 标准性质 |
|---|---|---|
| Q/NSBDZX 110.02—2018 | 会计基础工作规范化指引 第 2 号——涉税业务及账务处理 | 规章制度 |
| Q/NSBDZX 110.03—2018 | 会计基础工作规范化指引 第 3 号——记账凭证附件管理 | 规章制度 |
| Q/NSBDZX 322.30.02.03—2018 | 现地管理处财务会计岗位工作标准 | 岗位标准 |
| Q/NSBDZX 322.30.02.04—2018 | 现地管理处出纳岗位工作标准 | 岗位标准 |
| Q/NSBDZX 322.30.01.03—2018 | 现地管理处资产管理岗位工作标准 | 岗位标准 |
| Q/NSBDZX 426.09—2018 | 会计基础工作规范实施细则 | 规章制度 |
| 04　人力资源 – 3 | | |
| Q/NSBDZX 322.01—2018 | 现地管理处人力资源岗位工作标准 | 岗位标准 |
| Q/NSBDZX 425.04—2018 | 干部任职试用期满考核办法 | 规章制度 |
| Q/NSBDZX 425.22—2018 | 企业补充医疗保险管理办法 | 规章制度 |
| 05　档案 – 6 | | |
| Q/NSBDZX 125.01—2018 | 南水北调中线干线工程档案技术标准 | 技术标准 |
| Q/NSBDZX 125.02—2018 | 南水北调中线干线工程建设管理局文书档案技术标准 | 技术标准 |
| Q/NSBDZX 125.03—2018 | 南水北调中线干线工程建设管理局档案保管技术标准 | 技术标准 |
| Q/NSBDZX 125.04—2018 | 南水北调中线干线工程建设管理局会计档案技术标准 | 技术标准 |
| Q/NSBDZX 232.01—2018 | 南水北调中线干线工程建设管理局档案管理标准 | 管理标准 |
| Q/NSBDZX 322.30.01.07—2018 | 现地管理处专职档案管理岗工作标准 | 岗位标准 |
| 06　总工办 – 8 | | |
| Q/NSBDZX 106.07—2018 | 安全监测技术标准 | 技术标准 |
| Q/NSBDZX 206.05—2018 | 安全监测管理标准 | 管理标准 |
| Q/NSBDZX 332.30.03.06—2018 | 安全监测管理岗位工作标准 | 岗位标准 |

**续附表 2**

| 标准编号 | 标准名称 | 标准性质 |
|---|---|---|
| Q/NSBDZX 332.30.03.07—2018 | 安全监测外观观测工作岗位工作标准 | 岗位标准 |
| Q/NSBDZX 332.30.03.08—2018 | 安全监测自动化维护岗位工作标准 | 岗位标准 |
| Q/NSBDZX 406.05—2018 | 工程运行安全监测管理办法 | 规章制度 |
| Q/NSBDZX 428.01—2018 | 技术委员会管理章程 | 规章制度 |
| Q/NSBDZX 428.02—2018 | 科技成果应用证明和效益证明管理规定 | 规章制度 |
| 07　总调度中心 – 12 | | |
| Q/NSBDZX 101.01—2018 | 南水北调中线干线工程输水调度暂行规定 | 技术标准 |
| Q/NSBDZX 101.02—2018 | 中控室电视墙投放视频监控画面技术标准 | 技术标准 |
| Q/NSBDZX 101.03—2018 | 调度生产场所标识标牌及台签设置技术标准 | 技术标准 |
| Q/NSBDZX 101.04—2019 | 中控室生产环境标准化建设技术标准 | 技术标准 |
| Q/NSBDZX 201.01—2018 | 输水调度管理标准 | 管理标准 |
| Q/NSBDZX 201.03—2018 | 设备设施检修维护需调度配合事宜工作流程管理标准 | 管理标准 |
| Q/NSBDZX 201.04—2018 | 总调中心管理标准 | 管理标准 |
| Q/NSBDZX 201.05—2018 | 分调中心管理标准 | 管理标准 |
| Q/NSBDZX 201.06—2018 | 备调中心管理标准 | 管理标准 |
| Q/NSBDZX 201.07—2019 | 现地管理处中控室管理标准 | 管理标准 |
| Q/NSBDZX 332.30.04.22—2019 | 中控室生产岗位标准 | 岗位标准 |
| Q/NSBDZX 401.01—2019 | 中控室标准化建设达标及创优争先管理办法 | 规章制度 |
| 08　工程维护中心 – 工程巡查 5 | | |
| Q/NSBDZX 106.01—2018 | 工程巡查技术标准 | 技术标准 |
| Q/NSBDZX 206.01—2018 | 工程巡查管理标准 | 管理标准 |
| Q/NSBDZX 322.30.02.01—2018 | 现地管理处工程巡查岗工作标准 | 岗位标准 |

**续附表 2**

| 标准编号 | 标准名称 | 标准性质 |
|---|---|---|
| Q/NSBDZX 322.30.03.01—2018 | 现地管理处工程巡查管理岗工作标准 | 岗位标准 |
| Q/NSBDZX 406.01—2018 | 南水北调中线干线工程巡查人员考核办法 | 规章制度 |
| **08　工程维护中心 – 土建绿化 11** | | |
| Q/NSBDZX 106.02—2018 | 南水北调中线干线渠道工程维修养护标准 | 技术标准 |
| Q/NSBDZX 106.03—2018 | 南水北调中线干程输水建筑物维修养护标准 | 技术标准 |
| Q/NSBDZX 106.04—2018 | 南水北调中线干线左岸排水建筑物维修养护标准 | 技术标准 |
| Q/NSBDZX 106.05—2018 | 南水北调中线干线工程泵站土建工程维修养护标准 | 技术标准 |
| Q/NSBDZX 106.06—2018 | 南水北调中线干线土建工程维修通用技术规程 | 技术标准 |
| Q/NSBDZX 107.01—2018 | 南水北调中线干线绿化工程养护通用技术标准 | 技术标准 |
| Q/NSBDZX 107.02—2018 | 南水北调中线干线绿化工程养护技术标准 | 技术标准 |
| Q/NSBDZX 206.02—2018 | 南水北调中线干线土建维修养护项目管理办法 | 管理标准 |
| Q/NSBDZX 206.06—2018 | 土建工程维修质量评定标准 | 管理标准 |
| Q/NSBDZX 332.30.03.03—2017 | 现地管理处绿化维护岗位工作标准 | 岗位标准 |
| Q/NSBDZX 332.30.03.04—2017 | 现地管理处土建维护岗位工作标准 | 岗位标准 |
| **08　工程维护中心 – 防汛与应急 22** | | |
| Q/NSBDZX 111.01—2019 | 工程防洪信息管理系统维护标准 | 技术标准 |
| Q/NSBDZX 111.03—2019 | 南水北调中线干线工程应急抢险物资验收标准 | 技术标准 |
| Q/NSBDZX 111.04—2019 | 南水北调中线干线工程应急抢险物资设备管养标准 | 技术标准 |

**续附表 2**

| 标准编号 | 标准名称 | 标准性质 |
|---|---|---|
| Q/NSBDZX 209.02—2018 | 南水北调中线干线工程防汛值班工作制度 | 管理标准 |
| Q/NSBDZX 322.30.03.03—2018 | 现地管理处应急与防汛管理岗工作标准 | 岗位标准 |
| Q/NSBDZX 409.06—2019 | 南水北调中线干线工程突发事件应急管理办法 | 规章制度 |
| Q/NSBDZX 409.07—2019 | 南水北调中线干线工程突发事件综合应急预案 | 规章制度 |
| Q/NSBDZX 409.08—2019 | 南水北调中线干线工程运行期工程安全事故应急预案 | 规章制度 |
| Q/NSBDZX 409.09—2019 | 南水北调中线干线工程网络安全事件应急预案 | 规章制度 |
| Q/NSBDZX 409.10—2019 | 南水北调中线干线工程防汛应急预案 | 规章制度 |
| Q/NSBDZX 409.11—2019 | 南水北调中线干线工程穿越工程突发事件应急预案 | 规章制度 |
| Q/NSBDZX 409.12—2019 | 南水北调中线干线工程火灾事故应急预案 | 规章制度 |
| Q/NSBDZX 409.13—2019 | 南水北调中线干线工程交通事故应急预案 | 规章制度 |
| Q/NSBDZX 409.14—2019 | 南水北调中线干线工程冰冻灾害应急预案 | 规章制度 |
| Q/NSBDZX 409.15—2019 | 南水北调中线干线工程群体性事件应急预案 | 规章制度 |
| Q/NSBDZX 409.16—2019 | 南水北调中线干线工程恐怖事件应急预案 | 规章制度 |
| Q/NSBDZX 409.17—2019 | 南水北调中线干线工程地震灾害应急预案 | 规章制度 |
| Q/NSBDZX 409.19—2019 | 南水北调中线干线工程突发社会舆情应急预案 | 规章制度 |

**续附表 2**

| 标准编号 | 标准名称 | 标准性质 |
|---|---|---|
| Q/NSBDZX 409.20—2019 | 南水北调中线干线工程水污染事件应急预案 | 规章制度 |
| Q/NSBDZX 409.21—2019 | 南水北调中线干线工程水体藻类影响防控方案 | 规章制度 |
| Q/NSBDZX 409.22—2019 | 南水北调中线干线工程突发事件应急调度预案 | 规章制度 |
| Q/NSBDZX 409.24—2019 | 南水北调中线干线工程突发事件信息报告规定 | 规章制度 |
| 09　信息中心－网络自动化21 | | |
| Q/NSBDZX 102.01—2018 | 通信传输系统运行维护技术标准 | 技术标准 |
| Q/NSBDZX 102.02—2018 | 动环监控系统运行维护技术标准 | 技术标准 |
| Q/NSBDZX 102.04—2018 | 机房实体环境运行维护技术标准 | 技术标准 |
| Q/NSBDZX 102.05—2018 | 服务器运行维护技术标准 | 技术标准 |
| Q/NSBDZX 102.06—2018 | 数据库运行维护技术标准 | 技术标准 |
| Q/NSBDZX 102.07—2018 | 通信管道、光缆运行维护技术标准 | 技术标准 |
| Q/NSBDZX 102.08—2018 | 机房空调系统运行维护技术标准 | 技术标准 |
| Q/NSBDZX 102.09—2018 | 门禁入侵报警系统运行维护技术标准 | 技术标准 |
| Q/NSBDZX 102.10—2018 | 视频监控系统运行维护技术标准 | 技术标准 |
| Q/NSBDZX 102.11—2018 | 通信电源系统运行维护技术标准 | 技术标准 |
| Q/NSBDZX 102.12—2018 | 综合布线系统运行维护技术标准 | 技术标准 |
| Q/NSBDZX 102.13—2018 | 存储系统运行维护技术标准 | 技术标准 |
| Q/NSBDZX 102.14—2018 | 视频会议系统运行维护技术标准 | 技术标准 |
| Q/NSBDZX 102.15—2018 | 网络系统运行维护技术标准 | 技术标准 |
| Q/NSBDZX 102.16—2018 | 闸站监控系统运行维护技术标准 | 技术标准 |
| Q/NSBDZX 102.17—2018 | 中间件软件运行维护技术标准 | 技术标准 |
| Q/NSBDZX 102.18—2018 | 综合会商会议系统运行维护技术标准 | 技术标准 |
| Q/NSBDZX 102.19—2018 | 程控交换系统运行维护技术标准 | 技术标准 |

续附表2

| 标准编号 | 标准名称 | 标准性质 |
|---|---|---|
| Q/NSBDZX 202.01—2018 | 自动化调度系统运行与维护管理标准 | 管理标准 |
| Q/NSBDZX 322.30.04.05—2018 | 自动化调度系统维护岗位工作标准 | 岗位标准 |
| Q/NSBDZX 322.30.04.01—2018 | 自动化调度系统运行与维护管理岗位工作标准 | 岗位标准 |
| 09　信息中心－机电21 | | |
| Q/NSBDZX 103.01—2018 | 机电安全工作规程 | 技术标准 |
| Q/NSBDZX 103.02—2018 | 液压启闭机运行维护技术标准 | 技术标准 |
| Q/NSBDZX 103.03—2018 | 固定卷扬式启闭机运行维护技术标准 | 技术标准 |
| Q/NSBDZX 103.04—2018 | 螺杆启闭机运行维护技术标准 | 技术标准 |
| Q/NSBDZX 103.05—2018 | 移动式启闭机（台车）运行维护技术标准 | 技术标准 |
| Q/NSBDZX 103.06—2018 | 单轨移动式启闭机（电动葫芦）运行维护技术标准 | 技术标准 |
| Q/NSBDZX 103.07—2018 | 闸门（弧形、平面）运行维护技术标准 | 技术标准 |
| Q/NSBDZX 103.08—2018 | 抓梁运行维护技术标准 | 技术标准 |
| Q/NSBDZX 103.09—2018 | 融冰系统设备维护技术标准 | 技术标准 |
| Q/NSBDZX 103.10—2018 | 清污机运行维护技术标准 | 技术标准 |
| Q/NSBDZX 103.11—2018 | 电动蝶阀运行维护技术标准 | 技术标准 |
| Q/NSBDZX 103.12—2018 | 排水泵站运行维护技术标准 | 技术标准 |
| Q/NSBDZX 103.13—2018 | 检修排水泵站运行维护技术标准 | 技术标准 |
| Q/NSBDZX 103.14—2018 | 电磁流量计运行维护技术标准 | 技术标准 |
| Q/NSBDZX 103.15—2018 | 闸（泵）站生产环境技术标准 | 技术标准 |
| Q/NSBDZX 103.16—2018 | 保水堰、分流井、地源热泵房生产环境技术标准 | 技术标准 |
| Q/NSBDZX 203.01—2018 | 机电设备运行维护管理标准 | 管理标准 |
| Q/NSBDZX 203.02—2018 | 机电设备维护单位考核管理标准 | 管理标准 |

**续附表 2**

| 标准编号 | 标准名称 | 标准性质 |
|---|---|---|
| Q/NSBDZX 322.30.04.01—2018 | 机电维护管理岗位工作标准 | 岗位标准 |
| Q/NSBDZX 332.30.04.12—2018 | 机电运行岗位工作标准 | 岗位标准 |
| Q/NSBDZX 332.30.04.13—2018 | 机电维护岗位工作标准 | 岗位标准 |
| 09　信息中心－电力消防 15 | | |
| Q/NSBDZX 104.01—2018 | 输电系统设备运行维护技术标准 | 技术标准 |
| Q/NSBDZX 104.02—2018 | 变配电系统设备运行维护技术标准 | 技术标准 |
| Q/NSBDZX 104.03—2018 | 其他工程穿越跨越邻接南水北调中线干线 35 kV 供电线路安全影响评价导则 | 技术标准 |
| Q/NSBDZX 104.04—2018 | 其他工程穿越跨越邻接南水北调中线干线 35 kV 供电线路设计技术要求 | 技术标准 |
| Q/NSBDZX 108.03—2018 | 消防设施设备运行维护技术标准 | 技术标准 |
| Q/NSBDZX 204.01—2018 | 供电系统运行与维护管理标准 | 管理标准 |
| Q/NSBDZX 322.30.04.02—2018 | 供电系统维护管理岗位工作标准 | 岗位标准 |
| Q/NSBDZX 322.30.04.03—2018 | 供电系统运行管理岗位工作标准 | 岗位标准 |
| Q/NSBDZX 332.30.04.06—2018 | 中心开关站站长岗位工作标准 | 岗位标准 |
| Q/NSBDZX 332.30.04.07—2018 | 中心开关站正值岗位工作标准 | 岗位标准 |
| Q/NSBDZX 332.30.04.08—2018 | 中心开关站副值岗位工作标准 | 岗位标准 |
| Q/NSBDZX 332.30.04.09—2018 | 巡视维护班班长岗位工作标准 | 岗位标准 |
| Q/NSBDZX 332.30.04.10—2018 | 线路检修工岗位工作标准 | 岗位标准 |
| Q/NSBDZX 332.30.04.20—2018 | 变配电检修工岗位工作标准 | 岗位标准 |
| Q/NSBDZX 332.30.04.21—2018 | 柴油发电机工岗位工作标准 | 岗位标准 |
| 10　水质中心－10 | | |
| Q/NSBDZX 105.01—2018 | 水环境日常监控技术标准 | 技术标准 |
| Q/NSBDZX 105.02—2018 | 水质自动监测站运行维护技术标准 | 技术标准 |
| Q/NSBDZX 105.05—2018 | 常用仪器设备使用维护技术标准 | 技术标准 |
| Q/NSBDZX 105.06—2018 | 水污染应急物资使用维护技术标准 | 技术标准 |

**续附表 2**

| 标准编号 | 标准名称 | 标准性质 |
|---|---|---|
| Q/NSBDZX 105.07—2018 | 水质自动监测站生产环境标准化建设技术标准 | 技术标准 |
| Q/NSBDZX 205.01—2018 | 水质监测管理标准 | 管理标准 |
| Q/NSBDZX 205.02—2018 | 水质监测实验室安全管理标准 | 管理标准 |
| Q/NSBDZX 205.03—2018 | 水质自动监测站运行维护管理标准 | 管理标准 |
| Q/NSBDZX 205.04—2018 | 污染源管理标准 | 管理标准 |
| Q/NSBDZX 332.30.03.02—2018 | 水质保护岗位工作标准 | 岗位标准 |
| 11　安全部 – 11 | | |
| Q/NSBDZX 109.01—2018 | 安保装备使用维护技术标准 | 技术标准 |
| Q/NSBDZX 109.02—2018 | 安保设施（物防设施）运行维护技术标准 | 技术标准 |
| Q/NSBDZX 209.01—2018 | 安全生产检查管理标准 | 管理标准 |
| Q/NSBDZX 209.05—2018 | 安全生产培训管理标准 | 管理标准 |
| Q/NSBDZX 210.01—2018 | 出入工程管理范围管理标准 | 管理标准 |
| Q/NSBDZX 210.02—2018 | 警务室管理标准 | 管理标准 |
| Q/NSBDZX 210.03—2018 | 安全保卫管理标准 | 管理标准 |
| Q/NSBDZX 322.30.03.02—2018 | 现地管理处安全生产管理岗位标准 | 岗位标准 |
| Q/NSBDZX 322.30.03.04—2018 | 保卫管理岗位标准 | 岗位标准 |
| Q/NSBDZX 332.30.03.09—2018 | 保安员岗位标准 | 岗位标准 |
| Q/NSBDZX 409.04—2018 | 警务室奖励办法 | 规章制度 |
| 12　标准化管理 – 5 | | |
| Q/NSBDZX 121.02—2018 | 企业标准体系编制指南 | 技术标准 |
| Q/NSBDZX 121.03—2018 | 规章制度编写规范 | 技术标准 |
| Q/NSBDZX 208.01—2019 | 运行管理业务流程绘制规范 | 管理标准 |
| Q/NSBDZX 208.02—2019 | 运行管理业务流程管理标准 | 管理标准 |
| Q/NSBDZX 221.01—2018 | 规章制度管理标准 | 管理标准 |

# 专栏 《南水北调中线干线工程运行管理标准》介绍

## 专栏一 总体情况

南水北调中线干线建设管理局在贯彻落实国家相关法律法规,国家、行业、地方和团体有关标准,以及上级单位相关制度标准的基础上,不断探索和总结运行管理经验,以问题为导向,按照设备设施、管理事项、工作岗位全覆盖的原则,开展了技术标准、管理标准和岗位标准的编制和修订工作。目前,已构建以技术标准、管理标准和岗位标准"三大标准"为支柱,其他制度办法为支撑的中线工程运行管理制度标准体系框架,基本实现了制度标准在设施设备、管理事项、工作岗位上的全覆盖,运行管理工作有据可依,为中线工程平稳高效运行奠定坚实基础。

在中线建管局2017~2019年印发实施的191项标准基础上,进行了系统梳理和总结,形成"技术标准""管理标准""岗位标准""规章制度"四大系列共9个分册的标准汇编。

# 《南水北调中线干线工程运行管理标准》总目录

序一

序二

前言

## 技术标准（Q/NSBDZX 1）

### 第一分册

### 第二分册

## 管理标准（Q/NSBDZX 2）

### 第一分册

### 第二分册

## 岗位标准（Q/NSBDZX 3）

## 规章制度（Q/NSBDZX 4）

### 第一分册

# 专栏二　单项标准介绍

选取《南水北调中线干线渠道工程维修养护标准》(Q/NSBDZX 106.02—2018)进行介绍。

# Q/NSBDZX

**南水北调中线干线工程建设管理局企业标准**

Q/NSBDZX 106.02—2018

## 南水北调中线干线
## 渠道工程维修养护标准

2018-6-28发布　　　　　　　　　2018-7-1实施

南水北调中线干线工程建设管理局　发布

# 目　次

# 前　言

为加强南水北调中线干线渠道工程土建项目维修养护管理,确保渠道工程的功能完好和运行安全,促进渠道工程维修养护工作科学化、制度化、规范化,依据有关法律法规、国家批准的设计文件等,结合南水北调中线干线工程维修养护的实际情况,制定本标准。

养护与维修工作应坚持"经常养护,科学维修,养重于修,修重于抢"的工作原则,应做到安全可靠、注重环保、技术先进、经济合理。

本标准在广泛征求意见和听取专家建议的基础上定稿,今后将根据工程实际对本标准进行修改完善。在执行过程中,请各单位注意总结经验,及时反馈,以供今后修订时参考。

本标准是按照《标准化工作导则》(GB/T 1.1)、《南水北调中线局企业标准体系编制指南》(Q/NSBDZX 121.02—2017)给出的规则起草。

本标准由南水北调中线干线工程建设管理局规范化建设工作领导小组提出。

本标准由南水北调中线干线工程建设管理局工程维护中心归口并解释。

本标准起草部门:南水北调中线干线工程建设管理局工程维护中心。

本标准主要起草人:郭晓娜　肖文素　孙　义　杨宏伟　李明新　张学磊　李　飞　刘祥臻　郝继锋　李　乐　王当强　王志刚　郏红伟　常兆广　贾玉亮　朱清帅　崔浩朋　陈　晖　任秉枢　王存鹏

本标准审定人:戴占强　程德虎　李舜才　傅又群。

本标准批准人:于合群。

本标准于 2018 年 6 月 28 日发布。

# 渠道工程维修养护标准

## 1 范围

本标准包括南水北调中线干线渠道工程土建维修养护项目、维修养护标准、维修养护资料要求。

本标准适用于南水北调中线干线渠道工程土建项目的维修养护工作。

## 2 规范性引用文件

下列文件对于本文件的应用是必不可少的。凡是注日期的引用文件,仅所注日期的版本适用于本文件。凡是不注日期的引用文件,其最新版本(包括所有的修改单)适用于本文件。

SL 595—2013 堤防工程养护修理规程

SL 210—2015 土石坝养护修理规程

JTJ 073.2—2001 公路沥青路面养护技术规程

SL 599—2013 衬砌与防渗渠道工程技术管理规程

## 3 术语和定义

### 3.1 渠坡防护

对渠道两侧裸露的开挖或填筑坡面采取的防护措施,主要包括干砌石护坡、浆砌石护坡、混凝土框格护坡、喷(锚)混凝土护坡等。

### 3.2 截流沟

为防止渠道外地面水对总干渠产生不利影响而设置的构造沟。

### 3.3 导流沟

为将串流区和总干渠截断原有排水通道的洪水导入左岸排水或河道而设置的导水沟。

### 3.4 运行维护道路

为便于总干渠的运行管理和维修养护而布设的道路,总干渠以渠道挖方段一级马道、半挖半填渠道或全填方渠道的堤顶作为运行维护道路。

### 3.5 防洪堤

在总干渠挖方渠段,根据周边地形环境和排水条件,按照防洪要求而设置的防洪堤防。

### 3.6 防护堤

总干渠挖方渠道,根据周边地形环境和排水条件而设置的防护堤防。

3.7 **渠道工程土建项目维修养护**

指对渠道工程的土建项目采取工程措施,以恢复或局部改善原有工程面貌、保持工程的设计功能。

4 **渠道工程土建维修养护项目**

4.1 **一级马道以上内坡及渠道外坡**

4.1.1 一级马道以上内坡维修养护项目:坡面冲刷(或雨淋沟),坡面裂缝,坡面膨胀变形或沉陷,坡面洞穴,土(岩)体滑塌,干砌石、浆砌石破损,混凝土框格破损,坡面排水沟淤堵、破损,喷锚支护破损,边坡喷护体脱落,坡面排水孔淤堵、破损,边坡渗水,二级及以上马道及排水沟破损等。

4.1.2 防洪堤及防护堤维修养护项目:堤身冲刷(或雨淋沟),堤身沉陷,堤身洞穴,堤身防护体破损等。

4.1.3 填方渠道外坡维修养护项目:坡面冲刷(或雨淋沟),坡面变形或沉陷,坡面洞穴,干砌石、浆砌石、混凝土护坡破损,混凝上框格破损,坡面排水沟淤堵、破损,土体滑塌,坡面裂缝,反滤体破损,外坡洇湿,坡脚渗水,护坡排水孔淤堵、破损,坡脚积水长期浸泡等。

4.1.4 巡视台阶维修养护项目:巡视台阶破损等。

4.1.5 集水井维修养护项目:集水井淤堵、破损等。

4.2 **运行维护道路**

4.2.1 路面维修养护项目:路面(沥青、混凝土、泥结碎石)破损、裂缝、隆起、沉陷,路面不平整,错车平台、三角平台破损等。

4.2.2 路缘石维修养护项目:路缘石破损,路缘石与衬砌板接缝开裂,路缘石与道路接缝开裂等。

4.2.3 防浪墙维修养护项目:防浪墙破损,防浪墙与衬砌板接缝开裂,防浪墙与道路接缝开裂,反光标破损等。

4.2.4 错车平台、挡水坎维修养护项目:错车平台、挡水坎破损等。

4.2.5 警示柱维修养护项目:警示柱破损、缺失,警示带起皮褪色等。

4.2.6 波形护栏维修养护项目:波形护栏破损等。

4.2.7 排水设施维修养护项目:排水沟淤堵、破损,横向排水管淤堵、破损,桥头挡水坎破损等。

4.2.8 路肩防护维修养护项目:坡顶路肩防护破损等。

4.3 **渠道过水面**

4.3.1 衬砌板维修养护项目:表面剥蚀、破损、冻胀损坏、裂缝、局部隆起、沉陷、错台,局部滑塌,聚硫密封胶、聚脲、闭孔泡沫板松动脱落,桥墩与衬砌板连接处变形、止水破损等。

4.3.2 排水系统维修养护项目:逆止阀淤堵、破损,排水管(沟)淤堵、破损等。

4.3.3 台阶维修养护项目:台阶破损等。

4.3.4 预制块护砌维修养护项目:预制块护砌破损等。

4.3.5 渠道清淤:渠道淤积、水面漂浮物等。

### 4.4 截流沟(导流沟)

截流沟(导流沟)维修养护项目:浆砌石、干砌石、混凝土破损,截流沟(导流沟)淤堵等。

### 4.5 附属设施

4.5.1 永久标识维修养护项目:永久标牌破损、缺失,界桩、界碑破损,各类标识缺失等。

4.5.2 安全防护网、钢大门维修养护项目:安全防护网破损、缺失,钢大门破损等。

4.5.3 拦冰索(拦漂索)维修养护项目:拦冰索(拦漂索)破损,拦索墩破损、倾覆等。

## 5 渠道工程土建项目维修养护标准

### 5.1 一般规定

5.1.1 渠道工程应做到及时养护、科学维修,保持工程的安全和正常运行。

5.1.2 维修养护后的技术指标应满足设计要求。

5.1.3 渠道工程应保持正常的过流能力,水面清洁,工程管理范围内无污物等。

### 5.2 一级马道以上内坡

5.2.1 一级马道以上内坡坡体:出现膨胀变形、滑塌、裂缝、渗水、洞穴等时应及时处理;雨淋沟深度超过10 cm应及时修复填平。

5.2.2 一级马道以上内坡防护体:应保持整体完好,混凝土框格、干砌石护坡、浆砌石护坡、喷(锚)混凝土,每1 000 m² 渠坡防护体破损面积累计超过20 m²且一处破损面积超过2 m²时,适时进行修复;坡面排水沟(管)出现破损时应及时修复或更换,排水管无淤堵,排水沟淤积厚度不超过5 cm。

5.2.3 二级及以上马道平台:无明显凹凸、起伏,雨后不积水。

5.2.4 巡视台阶:应保持完好,无破损、残缺等。

5.2.5 防洪堤、防护堤:应保持结构完整,出现雨淋沟、洞穴、塌陷等时择机处理。

5.2.6 集水井:应保持完好,适时清除淤泥、杂物等。

### 5.3 渠道外坡

5.3.1 渠道外坡坡体:应保持坡面平顺,出现变形、沉陷、土体滑塌、裂缝、土体流失、坡面或坡脚洇湿、渗水、洞穴等时,应及时处理。雨淋沟深度超过10 cm应及时修复填平。

5.3.2 渠道外坡防护体:应保持整体完好。混凝土框格、混凝土护砌、干砌石护坡、浆砌石护坡。每 1 000 m² 渠坡防护体破损面积累计超过 20 m² 且一处破损面积超过 2 m² 时,适时进行修复;坡面排水沟(管)破损时及时修复或更换,排水管无淤堵,排水沟淤积厚度不超过 5 cm。外坡应保持台面平整,其宽度及平台内、外缘高度差符合设计要求。

5.3.3　坡脚线应清晰平顺,坡脚不积水。

5.3.4　巡视台阶:应保持完好,无破损、残缺等。

### 5.4　运行维护道路

5.4.1　沥青、混凝土路面出现贯穿性裂缝时应及时进行处理;路面沉陷超过 5 cm 时应及时处理;每公里路面面积破损率大于 3%,且任一处路面破损超过 2 m² 时,适时集中进行处理。

5.4.2　泥结碎石路面应保持结构完好、轮廓清晰,无明显车辙和积水。

5.4.3　路缘石(防浪墙)应顺直平整,砌筑牢固。路缘石单块破损深度超过 7.5 cm 时及时更换;防浪墙破损深度超过 5 cm 时及时修复;路缘石(防浪墙)与路面之间出现开裂、脱落时,择机进行修复;防浪墙结构缝嵌缝材料出现脱落时择机修复;坡顶路肩防护出现破损时择机修复;反光标无破损。

5.4.4　排水沟(管)破损时及时修复,排水沟(管)淤积厚度超过 5 cm 时应及时清淤。

5.4.5　错车平台、警示柱、桥头挡水坎出现损坏时,择机进行处理。

5.4.6　波形护栏出现破损时,应及时进行修复。

### 5.5　渠道过水面

5.5.1　渠道衬砌板出现沉陷、滑塌、隆起等现象并可能影响工程安全时应采取措施及时进行处理。

5.5.2　混凝土衬砌板裂缝可能影响衬砌板稳定时,应及时进行处理;加强渠段及岩石段的钢筋混凝土衬砌板强度,当裂缝宽度大于 0.2 mm 时,适时进行处理。

5.5.3　混凝土衬砌板出现多块连续表面剥蚀且深度大于 10 mm 时,适时进行处理。

5.5.4　衬砌板聚硫密封胶应填缝饱满,当出现松动、开裂、脱落时,适时修复;聚脲应粘接牢固。当出现开裂、脱落时,适时修复,满足防渗要求。

5.5.5　衬砌板与路缘石(防浪墙)结合部位出现开裂时,择机集中修复。

5.5.6　排水设施畅通有效,地下水位较高的挖方段渠道应保持排水畅通。

5.5.7　台阶出现破损时应及时修补。

### 5.6　截流沟(导流沟)

5.6.1　土质截流沟应保持结构基本完整,出现坍塌、沉陷等时,择机进行处理;保持排水畅通,淤积厚度不大于 30 cm。

5.6.2　护砌截流沟(导流沟)应保持排水畅通,淤积厚度不大于 30 cm;出现破损时择机进行处理。

### 5.7 附属设施

5.7.1 安全防护网基础牢固、立柱端正、网片顺直,破损时应及时修复;安全防护网下沿距地面高度一般不大于 10 cm。

5.7.2 刺丝滚笼连续、无破损。

5.7.3 防抛网基础牢固、立柱端正、网片顺直,破损时应及时修复。

5.7.4 钢大门开关自如、无破损,油漆均匀。

5.7.5 拦漂索安装牢固、无破损。

5.7.6 标识牌、公告牌、安全警示牌等各类标识牌、标志牌应保持完好、整洁、字迹清晰。

5.7.7 公里桩、百米桩、界桩等无变形、破损、缺失等。

5.7.8 水尺刻度清晰,无松动、破损。

## 6 维修养护资料

6.1 维修养护资料清晰整洁,内容真实、齐全,填写准确、规范,并按有关管理规定及时归档。

6.2 维修养护资料包括:维修养护方案及实施计划、维修养护项目合同文件、渠道工程维修养护合同台账(见附录表 A.1)、渠道工程维修养护管理日志(见附录表 A.2)、渠道工程专项项目维修养护记录表(见附录表 A.3)、维修养护大事记、维修养护工作总结报告等。填写附录表格时,可将渠道工程、输水建筑物、左排建筑物、绿化工程等土建和绿化维修养护项目按照合同台账、管理日志、维修养护记录表要求统一填写。

# 附录 A    表格样式

## 表 A.1    渠道工程维修养护合同台账

管理处：

| 序号 | 协议名称 | 维修养护单位/人 | 主要维修养护内容 | 合同金额/费用标准 | 协议起止时间 | | 备注 |
|------|----------|----------------|------------------|------------------|--------|--------|------|
|  |  |  |  |  |  |  |  |
|  |  |  |  |  |  |  |  |
|  |  |  |  |  |  |  |  |
|  |  |  |  |  |  |  |  |
|  |  |  |  |  |  |  |  |
|  |  |  |  |  |  |  |  |
|  |  |  |  |  |  |  |  |
|  |  |  |  |  |  |  |  |
|  |  |  |  |  |  |  |  |
|  |  |  |  |  |  |  |  |
|  |  |  |  |  |  |  |  |
|  |  |  |  |  |  |  |  |
|  |  |  |  |  |  |  |  |
|  |  |  |  |  |  |  |  |

### 表 A.2 渠道工程维修养护管理日志

管理处：

| 日期 | 年 月 日 | | 首页□ 续页□ | |
|---|---|---|---|---|
| 天气 | | 气温 | 最高 ℃ | 最低 ℃ |
| 现场维修养护工作 | | | | |
| 存在问题 | | | | |
| 记录人 | | 工程负责人 | | |

说明:1."现场维修养护工作"记录内容:维护部位、维护工作内容、投入资源(含人员、机械设备、主要材料)、完成的工作量(或形象面貌)、维护工作其他需要记录的工作。

2."存在问题"记录内容:维护工作中存在的问题和需要协调解决的事项、以前存在问题的落实情况。

## 表 A.3  渠道工程专项项目维修养护记录表

管理处：

| 序号 | 名称及桩号（部位） | 维修养护内容 | 处理过程描述 | 质量评定情况（合格/不合格） | 项目负责人 | 维修养护时间 |
|---|---|---|---|---|---|---|
|  |  |  |  |  |  |  |
|  |  |  |  |  |  |  |
|  |  |  |  |  |  |  |
|  |  |  |  |  |  |  |
|  |  |  |  |  |  |  |
|  |  |  |  |  |  |  |
|  |  |  |  |  |  |  |
|  |  |  |  |  |  |  |
|  |  |  |  |  |  |  |
|  |  |  |  |  |  |  |
|  |  |  |  |  |  |  |
|  |  |  |  |  |  |  |
|  |  |  |  |  |  |  |

**备注**:根据本标准进行质量评定,如果有设计院出具的设计报告,按设计报告中标准进行质量评定。

管理负责人(签名)：　　　汇总人(签名)：　　　日期：　　年　　月　　日

# 参考文献

［1］中华人民共和国国家质量监督检验检疫总局,中国国家标准化管理委员会.标准化工作指南 第1部分:标准化和相关活动的通用术语:GB/T 20000.1—2014［S］.北京:中国标准出版社,2015.

［2］中华人民共和国水利部.水利技术标准体系表:ZBBZH/SJ［S］.北京:中国水利电力出版社,2014.

［3］南水北调中线干线工程建设管理局.南水北调中线干线工程运行管理标准［M］.北京:中国水利水电出版社,2010.

［4］国务院南水北调工程建设委员会办公室建设管理局.南水北调工程建设专用技术标准汇编［M］.北京:中国水利水电出版社,2011.

［5］王峰,李舜才,刘梅.南水北调中线工程运行管理规范化建设探索与实践［J］.中国水利,2019(16):23-26.

［6］周晨露,李媛,黄富佳,等.江苏南水北调工程管理标准化建设现状及展望［J］.治淮,2020(8):64-65.

［7］莫兆祥,刘军,周晨露.南水北调东线江苏段泵工程标准化管理探索实践［J］.江苏水利,2020(6):62-64.

［8］林云,刘宁.南水北调工程维护管理系统设计与运行［J］.山东水利,2020(8):5-6,11.

［9］郭学博,刘建磊.南水北调工程运行管理标准化实践［J］.山东水利,2020(8):9-11.